W0342755

Sabine Kübler

Blatt für Blatt die Rose

Katalog des Rosenmuseums Steinfurth

Impressum

Text und Redaktion:
Sabine Kübler
Schrift:
Centaur von Bruce Rogers
Satz, Lithos und Druck:
Linea Plus Druck GmbH, Frankfurt a. M.
Papier:
Alster Werkdruck und Geese Creative Karton
Gestaltung:
init Feil und Hahn, Frankfurt a. M.

Herausgeber:
Magistrat der Stadt Bad Nauheim

Wir danken den Sponsoren des Kataloges:

Hans Gönewein Rosenkulturen,
Bad Nauheim-Steinfurth
Günther Koseck, Dornröschenschloß
Sababurg, Hofgeismar
Heinrich Schultheis Rosen- und
Baumschulen,
Bad Nauheim-Steinfurth

Die Deutsche Bibliothek – CIP Einheitsaufnahme
Blatt für Blatt die Rose
Katalog des Rosenmuseums Steinfurth /
Sabine Kübler
[Hrsg. vom Magistrat der Stadt Bad Nauheim].
– Bad Nauheim: Rosenmuseum Steinfurth,
1992
ISBN 3-929319-00-4
NE: Kübler, Sabine; Rosenmuseum (Steinfurth)

Rosenmuseum Steinfurth, Alte Schulstraße 1,
61231 Bad Nauheim-Steinfurth
Tel.: 0 60 32 - 8 60 01, Fax: 0 60 32 - 8 79 15
Öffnungszeiten:
Mittwoch – Samstag 14 – 17 Uhr
Sonn- und Feiertag 10 – 17 Uhr

Bildnachweis

August Ewald, Rockenberg,
Seite 27, 73–77, 80, 81, 85

Önder Ertogan, St. Augustin,
Seite 68

David Geffen Company,
Seite 89

Harald Herbert, Bad Nauheim,
Seite 57

Kontar Pressebilderdienst,
Offenbach, Seite 75

Gerd Krüssmann, Rosen
Rosen Rosen, Dortmund 1986,
Seite 47, 50, 54, 57 rechts,
95 oben und rechts

Nationale Forschungs- und
Gedenkstätten der Klassischen
Deutschen Literatur, Weimar,
Seite 32

Horst Schüßler, Bad Nauheim,
Seite 91, oben links

Staatsbibliothek Preußischer
Kulturbesitz, Orientabteilung,
ms.or.oct.1602, Blatt 48b,
Seite 61

Stiftung Bundeskanzler-
Adenauer-Haus, Rhöndorf,
Seite 64

Ottilie Zeller, Blütenknospen,
Stuttgart, 1983, Seite 94,
95 unten

Alle übrigen Fotos von
Ursula Seitz-Gray, Frankfurt
Ute Schendel, Frankfurt
Peter Kynast, Bad Nauheim
Kathleen Evert, Frankfurt

Vom Heimatmuseum zum Spezialmuseum

Mit einem Rosenetikett, 1959 auf einem Rosenacker gefunden, beginnt die Darstellung des Rosenanbaues in Steinfurth.

1974 gründen Ria Steinhauer und Fritz Gabriel das »Heimat- und Rosenmuseum«. Das ehemalige Amtshaus bietet sich nach der Eingemeindung Steinfurths in die Kurstadt Bad Nauheim als Ort des Museums an. Leopold Gaffrey, ehrenamtlicher Betreuer der Sammlung, öffnet das Haus einmal wöchentlich für ein interessiertes Publikum. Sein Tod macht 1985 einen Neuanfang nötig.

1986 übernimmt die Kulturanthropologin und Museumspädagogin Sabine Kübler die Leitung des Rosenmuseums und entwickelt eine Museumskonzeption.

In den folgenden Jahren wird das Museumsgebäude, ehemaliges Rathaus, Forsthaus und Rentamt der Saline Wisselsheim, das 1830 nach Steinfurth umgesetzt wurde, von Grund auf saniert. Im gleichen Zeitraum kann der Bestand an Ausstellungsexponaten durch systematische Sammeltätigkeit und Dank intensiver Unterstützung durch die Steinfurther Bevölkerung verdreifacht werden.

Zu den Rosenfesten 1986 und 1988 werden Sonderausstellungen gezeigt. 1989 ist das Museum bezugsfertig und kann nach der Realisierung der Museumskonzeption im Juni 1990 als der Welt einziges Spezialmuseum zur Darstellung der Kulturgeschichte der Rose für das Publikum geöffnet werden.

Die Bilanz ist erfreulich: In der Dauerausstellung des Rosenmuseum herrscht reger Besucherandrang, ein museumspädagogisches Programm, ein Veranstaltungsprogramm, eine Schriftenreihe und ein Katalog ergänzen die Präsentation im »Mekka der Rosen«.

Klaus Beier (Kulturdezernent)

Vorwort

Mit dieser Publikation legt das Rosenmuseum Steinfurth einen Katalog seiner Dauerausstellung vor, der auch ein Bilder- und Lesebuch über die Rose ist.

Vielfältige Einblicke in die Sammlung des Museums eröffnen dem Leser die mit der Rose verbundenen Forschungsgebiete: Literatur, Künste, Naturwissenschaften und ferne Länder, in denen der Rose eine kulturelle Bedeutung erwuchs.

Die alphabetische Ordnung der Stichworte ermöglicht eine Mischung von ortsgeschichtlichen Informationen und vielen kulturellen Details, die bei der Realisierung der Dauerausstellung nicht berücksichtigt werden konnten. Längere Texte können mit diesem Lesebuch vorgelegt werden.

Die Stichworte sind gleichzeitig als Projektskizzen zukünftiger Sonderausstellungen zu lesen.

Einige Sammlungen, wie die Porzellansammlung, die Textilsammlung und die Rose als Thema in der Musik tauchen als Stichwort nicht auf. Sie werden erst im Rahmen zukünftiger Ausstellungsprojekte und Veranstaltungen bearbeitet und dann vorgestellt werden.

Seit 1986 wird im Rosenmuseum Steinfurth systematisch gesammelt. Neben privaten Rosenliebhabern ist das Museum die einzige öffentliche Institution, die im Bereich Rose systematisch sammelt und forscht. So hat sich die Sammlung von Rosenbüchern und -zeitschriften (vom 17. Jahrhundert bis heute) inzwischen zur unentbehrlichen Spezialbibliothek entwickelt.

Als Forschungsobjekt macht die Rose immer den Blick über die Grenzen notwendig. Nicht nur, daß die Gartenrose aus dem Orient zu uns kam, mit ihr kamen zahlreiche kulturelle Einflüsse. Sie sind an der Rose ablesbar, wie auch an den von Menschen hergestellten Dingen. Diese kulturellen Einflüsse können anhand der im Museum gesammelten Objekte entziffert und dargestellt werden.

Der Katalog des Rosenmuseums Steinfurth ist neben der seit 1991 erscheinenden Schriftenreihe Beginn der Dokumentation der Arbeit dieses Spezialmuseums.

Dem Magistrat der Stadt Bad Nauheim, den Stiftern, Leihgebern, Sponsoren, den Freundinnen und Freunden des Projektes Rosenmuseum Steinfurth möchte ich an dieser Stelle danken.

Sabine Kübler (Museumsleiterin)

Inhalt

Echte Steinfurther kommen mit dem Okuliermesser in der Hand auf die Welt.

Rose
Möge es Dir wohlergehen und Dein Kummer nur mich bedrücken.

Gebackene Rosen
Man nehme weiße Rosen, putze das Gelbe heraus, auch die Stiele sauber ab und tauche sie in eine Creme, die aus Mehl, fein gestoßenen Mandeln, Zimmt, Muskatennuß, Eyweiß, süßer Sahne und ein wenig Rosenwasser besteht; dann in Schmalz und Backbutter ausbacken.

»Das soll mich nicht schrecken«, sagte der Königssohn, »ich will durch die Hecke dringen und das schöne Dornröschen befreien.«

Diese Geschlechter hab ich mich manchmal die Lüderlichen zu nennen mich erkühnt und die Rose mit diesem Ephitet zu belegen gewagt, wodurch ihr freilich die Anmut nicht verkümmert werden kann; besonders möchte Rosa canina sich diesen Vorwurf zuziehen.

Doch der wilde Knabe brach
Das Röslein auf der Haiden;
Röslein wehrte sich und stach,
Aber es vergaß danach
Beim Genuß das Leiden.
Röslein, Röslein, Röslein roth,
Röslein auf der Haiden.

Aber da kam die herrliche Rose hervor. »Nein, wie ist die niedlich gemacht!«, sagten alle Hofdamen. »Sie ist mehr als niedlich«, sagte der Kaiser, »sie ist charmant!« Aber die Prinzessin befühlte sie, und da war sie nahe daran zu weinen. »Pfui, Papa!« sagte sie; »sie ist nicht künstlich, sie ist natürlich!«

Es hat tausend Blätter und ist doch keine Blätterteigpastete. Es ist rot und ist doch kein roter Pfeffer.

»Whisky«, »Brandy«, »Cocktail«, »Glennfiddich« heißen die Rosen.

Rose, o reiner Widerspruch,
Lust,
Niemandens Schlaf zu sein
unter soviel Lidern.

Am Ende, und nur so viel sage ich Euch, verstreute ich dort ein wenig Samen, als ich die Knospe geschüttelt habe; das geschah, als ich sie im Innern beim Untersuchen der Blütenblätter berührt habe; denn ich wollte alles bis auf den Grund des Knöspleins erforschen, wie mir das gut scheint.

Gruß an die Rosenkönigin!
Wenn die Elisabeth
nicht so hübsche Beine hätt'!
Alle sind von Dir ganz hin,
holde Rosenkönigin!
So klingt's nicht allein durch
Steinfurth,
auch Bad Nauheim ist erfüllt.
Über'n Gürtel bis
zum Beingurt zeigt sie auch
ein schönes Bild.
Darum brachte auch die Zeitung
heut' ihr Bild und jeder staunt.
Häng' ich auch an langer
Leitung, grüß ich dennoch –
wohlgelaunt!

Rosen für alle,
Rosen für immer.

Hier lehnen die Häuser an den Rosen.

Ewig trägt im Mutterschoße,
Süße Königin der Flur!
Dich und mich die stille,
große,
Allbelebende Natur;
Röschen! unser Schmuck veraltet,
Stürm entblättern dich und
mich,
doch der ew'ge Keim entfaltet
bald zu neuer Blüte sich.

Eine Rose allhie begraben leit,
Von schön berümpt sehr weit
und breit;
Jetzt ist es nur ein Madensack,
Den niemand sehn noch riechen mag.

ANAGRAMM

roseroseros erose
roseroseroseroserose
roseroseroseroserose
roseroseroseroserose
roseroseroseroserose
roseroseroseroserose
roseroseroseroserose
roseroseroseroserose
roseroseroseroserose
eros

Timm Ulrichs, in:
Eugen Gomringer,
konkrete poesie, Stuttgart, 1972

Anbau der Rose

Etwas mehr als 900 Einwohner leben um 1860 in Steinfurth: Tagelöhner, Handwerker und Leineweber. In der Landwirtschaft sind die meisten Steinfurther ohne Grundbesitz und arbeiten bei den Pächtern der Familie von Löw als Tagelöhner.

Mit der Rückkehr von Heinrich Schultheis aus England, 1868, ändert sich die Situation im Dorf. Seine Wanderschaft als Gärtner führte ihn in die »King's Acre Nurseries« von John Cranston, wo er den Rosenanbau erlernt. (→ Schultheis) Gemeinsam mit seinen zwei Brüdern Konrad und Wilhelm gründet er die Firma »Gebrüder Schultheis, Rosisten«. Ihre Spezialität sind »auf den Wurzelhals der gemeinen Hundsrose veredelte Rosen«. Neben diesen niedrigen Rosen haben die Brüder die reichste Auswahl an Hochstammrosen anzubieten.

In den Anfangsjahren bewirtschaften die Brüder mit 60 Arbeitern und vielen Hilfskräften rund 120 Morgen Ackerland. Die Arbeitskräfte verdienen den vierfachen Landarbeiterlohn. Viele kommen aus Steinfurth und werden bei Schultheis angelernt. (→ Steinfurth)

1878 ziehen die Rosisten 180.000 Hochstämme und veredeln 200.000 niedrige Rosenpflanzen. Einträgliches Nebengeschäft sind der Verkauf von Schnittrosen, der Versand von Rosenblütenblättern und die Herstellung von Rosenöl.

Vor der Jahrhundertwende werden vier weitere Rosenbetriebe gegründet: Walter & Lehmann Rosenschulen, 1882; Lindemann & Münch etwas später; Philipp Huber Rosenkulturen, 1888, und Johannes Weihrauch Rosengärtnerei und Versand im gleichen Jahr. 1901 heißt es in der Kirchenchronik: »Es sind sicherlich 60 Einwohner, die den Gewerbeschein zum Rosenhandel erworben haben. Der Handel geht bis nach Dänemark, Russland, selbst nach Italien. Einzelne Geschäfte ziehen jährlich bis zu 300.000 Pflanzen, dazu kommt, daß zur Blütezeit der Versand der Rosen ungeheuerlich ist. Durch den Rosenanbau kommt Wohlstand nach Steinfurth.«

Die gute Bezahlung in den Rosenbetrieben ermöglicht es den Landarbeitern, Äcker zu pachten und kleine Rosenbetriebe aufzubauen. Voraussetzung dafür ist die Auflösung der vier Pachthöfe ab 1908.

Die Zahl der Rosenbetriebe steigt: 1911 gründen die Steinfurther Rosenbauern einen Gärtnerverein mit dem Zweck, sich gegenseitig gegen »faule Kunden« beizustehen und gemeinsam Arbeitsmaterial wie Bast und Schwefel einzukaufen.

Das Bauerndorf Steinfurth hat sich zum Rosendorf entwickelt. 1920 gibt es 110 Rosenbauern, in den dreißiger Jahren sind es über 200 Betriebe.

Die Steinfurther Rosengärtner sind keine Züchter, die neue Rosensorten schaffen. Sie sind Rosenanbauer, die Rosenstöcke vermehren, indem sie im Freiland auf die Wildrose rosa canina Edelrosen okulieren. Dieser zweijährige Arbeits- und Wachstumsprozeß geht zur Zeit der Handarbeit von 1868 bis etwa 1950 folgendermaßen vor sich: Im ersten Kulturjahr werden im Frühjahr die Rosenwildlinge aufgeschult und im Sommer okuliert. Im zweiten Kulturjahr erfolgt im Frühjahr der Abwurf der Wildlinge und im Herbst die Rosenernte.

»Rosenfelder von Steinfurth«, Holzschnitt von August Luft, um 1880, aus »Deutsches Rosen-Buch«, RM

Hagebutten Pflücken

Sieben der getrockneten und gestampften Hagebutten

Erstes Kulturjahr der Rose
Das Aufschulen der Wildlinge

In den Anfängen des Rosenanbaues und in schlechten Zeiten werden die Wildlingspflänzchen, die als Veredelungsunterlagen der Edelrosen dienen, in Steinfurth selbst aus dem Samen der rosa canina herangezogen. Dies dauert zwei Jahre. Erst dann können die Wildlinge auf den zuvor »rigolten« Acker gepflanzt werden. Mit dem Pflanzen oder Aufschulen der Wildlinge im Frühjahr beginnt die zweijährige Kultivierung der Edelrosen.

Heinrich Schultheis beschreibt das 1889 so: »Um sie (die Wildlinge) zur Freilandokulation zu pflanzen, welche Arbeit wir am vorteilhaftesten mit einem hölzernen, mit eiserner Spitze versehenen Pflanzenstecker verrichten, werden sie in Reihen gepflanzt in einem Abstand von 60–75 cm. In den Reihen können die Rosen ziemlich eng stehen, circa 10 cm auseinander entfernt.«[1]

25.000 Wildlinge werden 1929 auf einen Normalmorgen von 2.500 qm »gestellt«. Nach dem Aufschulen wird Erde angehäufelt, ein späteres Bestäuben mit Schwefel soll Pilzbefall verhindern.

Pflanzen oder Aufschulen der Rosenwildlinge

Echte Steinfurther kommen mit dem Okuliermesser in der Hand auf die Welt

Das Veredeln oder Okulieren der Wildlinge ist der Arbeitsvorgang, der im Hochsommer des ersten Kulturjahres stattfindet. Der Wildrose wird am Wurzelhals das Auge einer Edelrose okuliert. So wird sie beim neuen Austrieb im nächsten Jahr selbst zur Edelrose. Diese besonders wichtige Arbeit im Rosenanbau erfordert alle zur Verfügung stehenden Arbeitskräfte.

Morgens um sieben läuten die Kirchenglocken zum Arbeitsbeginn – bis sechs Uhr abends verrichten die Okulierkolonnen in gebückter Haltung ihre beschwerliche Arbeit. Am Tag zuvor werden die hierfür benötigten Edelreiser abgeschnitten. Sie stammen von einem Feld mit bereits abgeblühten Edelrosen. Nach dem »Blättern« und »Dörnern« bleiben die Reiser zwischen feuchtem Moos in der Reiserkiste frisch.

Die ganze Familie geht zum Veredeln, Foto um 1938, RM Stiftung Familie Vieweg

Eine Okulierkolonne in den fünfziger Jahren sah zum Beispiel so aus:
Opa hat aufgekarschtet (aufgehackt mit dem Karst)
Vater hat rausgekratzt (mit dem Aufräumeisen den Wurzelhals freigemacht)
Die Tochter hat abgeputzt (mit der Sackleinwand den Wurzelhals)
Vater oder Bruder okulieren (mit dem Okuliermesser)
Mutter, zweite Tochter und ein Wickelmädchen wickeln (mit Bast)
Opa hat zugekarschtet (mit Karst wieder zugehackt von zwei Seiten)

Einem Okulierplan folgend, der das Feld in Quartiere aufteilt, werden die Wildlinge okuliert. In einigen Familien ist das Veredeln reine Männerarbeit. Das »Wickeln« der Okulierstelle mit nassem Bast erledigen Frauen oder angeworbene »Wickelmädchen«. »Blättern« und »Abdörnern« sind oft Aufgabe von Großmüttern und Kindern.

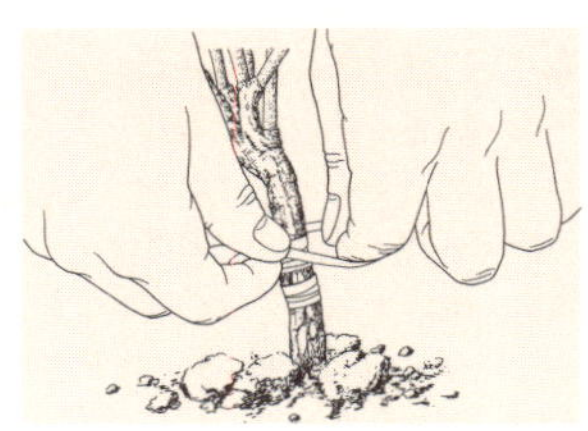

Einsetzen des Edelauges am Wurzelhals des Wildlings

Veredeln oder wickeln der Okulierstelle

Zweites Kulturjahr
Abwurf der Wildlinge

Ein Jahr nach dem Aufschulen der Wildlinge, zu Beginn des zweiten Kulturjahres der Rose, schneidet der Rosenanbauer den Wildling über der Okulierstelle ab: Der Abwurf der Wildlinge. Einige 10.000 Wildlinge müssen mit der Rosenschere per Hand abgeschnitten werden, eine harte Arbeit. In diesem Frühjahr fallen nach dem Austrieb der Edelaugen verschiedene Arbeiten auf dem Feld an: Beim Pinzieren der Rosen werden die Edeltriebe gekürzt, der Boden wird immer wieder durch Hacken gelockert, und bei Schädlingsbefall muß der Rosenbauer eingreifen.

Abwurf des Rosenwildlings über der Okulierstelle

Einkürzen oder Pinzieren der Edeltriebe

Ausmachen der Rosen

Ausmachen der Rosen

Im Herbst des zweiten Kulturjahres ist Rosenernte. Vor dem eigentlichen Ausmachen der Rosen müssen diese entblättert werden. Die Blätter würden den geernteten Rosen Kraft entziehen. Meist schlagen die Kinder die Rosenblätter mit Weidenstöcken ab. Später, in den dreißiger Jahren, gibt es elektrische Entblätterungsmaschinen. Heinrich Hengst beschreibt das Ausmachen der Rosen so: »Die Hacke und der Spaten spielen im Rosenanbau eine große Rolle. Die schwerste Arbeit war das Roden. Alle Pflanzen wurden mit dem Spaten ausgestochen, immer von zwei Personen, nachdem ein dritter schon vorgegraben hatte. Die geernteten Pflanzen werden mit Weide zusammengebunden. Jeder, der mit Rosen zu tun hat, muß eine Schlinge machen können und in der Lage sein, ein Bündel fest zusammenzubinden.«[2] An die 50 Pflanzen werden zwischen die Beine genommen und einmal mit Weide fest gebunden. Die Erfindung des Bindebocks 1888 durch Benediks und den Schmied Schwegler beendet das Hosenzerreißen und bringt Arbeitserleichterung. Trotzdem bleiben Ledergamaschen, feste Kleidung, Handschuhe und eisenverstärkte Sohlen notwendig, um sich gegen Verletzungen durch Rosendornen zu schützen.

Rosenernte, Foto, 1930 oder 1931
Leihgabe Hermann Ruland, Dossenheim

Sortieren, Etikettieren und Überwintern der Rosen

Nach der Rosenernte auf dem Acker geht die Arbeit der Rosenanbauer auf dem Hof weiter. Die Rosen werden abgeladen und im Rosenkeller nach Qualität sortiert, etikettiert und gebündelt.

Zum sofortigen Verkauf bestimmte Rosen müssen verpackt und verschickt werden, die übrigen Rosen werden über Winter im Rosenkeller in der Erde eingeschlagen. Nach der Überwinterung kommen sie im Frühjahr zum Verkauf.

Packhalle einer deutschen Rosengärtnerei, Holzschnitt von August Luft, 1889

Verladen von Rosenballen am Steinfurther Bahnhof, Foto um 1960

Der Verkauf

Millionen von Rosenpflanzen werden jährlich verpackt und auf den Weg gebracht. Vor Beginn des 2. Weltkrieges sind es 15 Millionen Pflanzen pro Jahr.

Mit Hilfe von Packmaschinen werden die Rosen in Roggenstroh oder Schilf gepackt und mit glühend gemachtem Bindedraht befestigt. Gut verpackte Rosen zu »Postbällchen« oder »Bahnballen« sind der Stolz der Firmeninhaber.

Der Rosengärtner ist erfolgreich, der ein Gefühl für die Entwicklung der Rosenmoden hat. Er muß spüren, welche Rosenfarbe, welche Rosenform und welcher Rosenduft vom Publikum in der übernächsten Saison verlangt wird.

Mit aufwendigen Rosenkatalogen, Anzeigen, Rosenbüchern, Souvenirs und Rosenausstellungen werben die Rosengärtner um Abnehmer.

Zu den Kunden der Steinfurther Rosengärtner zählen die noch vorhandenen europäischen Fürstenhöfe. Bei Schultheis erscheinen auch russische und englischsprachige Rosenkataloge. Der Hauptexport vor dem 2. Weltkrieg geht nach Norwegen, Schweden, Finnland, Dänemark, Rußland, England, Tschechoslowakei, Ungarn, Rumänien, Jugoslawien und in die Schweiz.

1893 liegen die Preise der Rosen bei 50 bis 90 Pfennig das Stück, die Hochstämme zwischen 45 Pfennig und 1,35 Mark. Die zwei Meter hohen Stämme kosten 2,20 Mark und die 1889er Neuheiten 3,10 Mark.

1911 kosten 100 niedrige Rosen 20 Mark und 1930 zwischen 25 und 40 Mark.

Zur Blütezeit der Rosen kommen Schnittblumen zum Versand nach Frankfurt und in die nahegelegenen Badeorte Bad Homburg, Bad Soden, Wiesbaden und Bad Ems.

1878 werden 2.300 Kilogramm frische Rosenblütenblätter an Schnupftabakfabriken in Offenbach und Frankfurt verschickt. Über den täglich abgewickelten Versand der Rosenblütenblätter und den Verkauf des Rosenöles, das um 1880 bei Schultheis produziert wird, gibt es keine Zeugnisse mehr.[3] (→ Öl)

1 Rosenfirma Gebrüder Schultheis: *Deutsches Rosen-Buch*, Steinfurth, 1889
2 Heinrich Hengst: *Manuskript über den Rosenanbau in Steinfurth*, mit Dank an Hedwig Becker
3 Der Rosenanbau nach 1950 wird in der Dauerausstellung durch einen Videofilm von Otto Schweitzer »Ein Arbeitsjahr in Steinfurth« dokumentiert

Blumenmalerinnen

Maria Sibylla Merian (1647 – 1717) wird in eine Künstlerfamilie geboren und bekommt eine hervorragende Ausbildung als Malerin und Kupferstecherin. Sie hat mit ihren ungewöhnlich präzisen Darstellungen von Pflanzen und den darauf befindlichen Insekten Erfolg. Ihre Rosendarstellungen geben uns nicht nur Überblick über die in den Gärten vorhandenen Sorten zu ihrer Zeit, sie verschafft uns außerdem genaueste Anschauung der Raupen und anderer Insekten, die sich Rosen als Lieblingsnahrung erwählt haben. In dem Buch »Der Raupen wunderbare Verwandlung und sonderbare Blumennahrung«, das 1679 und 1683 erscheint, sind vier Rosendarstellungen Sibylla Merians abgebildet: »eine kleine hundertblätterichte Rose, diesselbe jedoch nicht klein, ein grösseres rothes Heckenröslein und die leibfarbene Rose«.[1] Über diese schreibt sie:

»Unter allen Blumen Kräutern und Bäumen wird schwerlich irgend eine Art zu finden seyn welche nicht eine oder auch mehrere Raupen zugleich von Natur zu ihrem Feind gehabt und noch habe: Sintemal gantz gewiß daß viel Raupen zu einer Zeit auf einer Blume sich ernähren und aufhalten; wie hiervon diese leibfarbene und andere hernachfolgende – unterschiedliche Rosen sattsamlich zeugen können: indem die sehr kleine Räuplein nicht so wol dero grüne Blätter angreiffen als die Hertzlein selbst in denen aufgegangenen Rosenknöpfen dermassen gantz ausholen daß keine Rosen mehr daraus werden können; welches sie bis zu Ende des May also treiben. Diese Räuplein nun sind an und für sich selbst schön grün der Kopf samt der sechs vördersten klaulichten Füßlein und deren hinterste Gliedlein ist schwartz: In der Mitte deß Leibs haben sie auf jeder Seiten vier kleine Füßlein dergleichen Räuplein eins ich oben auf das Rosenköpflein gesetzt.« Das »Neue Blumenbuch« von Sibylla Merian erscheint 1680. Neben kunstvollen Blumenbuketts und Blumenkränzen ist »ein Stengel holländischer Rosen« abgebildet.

Barbara Regina Dietzsch wird noch zu Lebzeiten Sibylla Merians 1706 in Nürnberg geboren.[2] Ihr Vater ist der Maler, Zeichner und Kupferstecher Johann Israel Dietzsch. Vermutlich ist Albrecht Dürer ihr großes Vorbild, denn Dürers »Großes Rasenstück« markiert zu Beginn der Neuzeit den Umbruch im Bereich der Pflanzendarstellung: Erstmals holt ein Künstler sich ein Stück Natur ins Atelier. Naturgetreu dargestellte und in ihrer natürlichen Größe abgebildete Pflanzen werden erst danach das Ziel von Künstlern und Verlegern. Sibylla Merian, Barbara Regina Dietzsch und Elisabeth Blackwell gehören zu den Künstlerinnen, die erstmals in der Geschichte der Pflanzendarstellung die Pflanzen genau beobachten und auch wiedergeben. Elisabeth Blackwell zieht in England gegenüber vom Botanischen Garten nach Chelsea. Hier zeichnet sie die Pflanzen für ihr »Curious Herbal«, sticht sie in Kupfer und koloriert anschließend die fertigen Drucke.[3]

Drei Künstlerinnen sind herausgegriffen aus der Gruppe von Malerinnen, die den Pflanzen einen Großteil ihres künstlerischen Schaffens widmeten. Die von Männern geprägte Kunstgeschichte des 19. Jahrhunderts wollte sich mit Künstlerinnen, die Pflanzen malen, nicht beschäftigen. Eine Sonderausstellung im Rosenmuseum Steinfurth zu diesem Thema ist geplant.

Die Arbeit des berühmtesten Rosenmalers, Pierre Joseph Redouté (1759 – 1840), einem Schüler von Gerard van Spaendonck, ist noch heute hochgeschätzt, wie das Gedicht von Hans Bender zeigt:

Leibfarbene Rosen, kolorierter Kupferstich von Sibylla Merian, 1683

An den Rosenmaler
Redouté

Die Welt um ihn
ging auf und unter:
Er malte Rosen.

Rosen weiß
und gelb und rot
und rosafarben.

Sie welken nicht.
Sie blühen immer.
Bleiben schön.

Signierte sie
mit seinem
und mit ihren Namen.

Und legte
eine Perle Tau
den allerschönsten
in die Blätter.[4]

Vorlege Blätter zum Blumen Zeichnen von Johann Friedrich Voigt, Berlin, 1839, Leihgabe Museum Gotisches Haus, Bad Homburg

Sammlung mahlerisch gezeichneter und nach der Natur ausgemahlter Blumen, Blüthen und Früchte für Freunde und Freundinnen der schönen Künste von Carl Lang, Frankfurt, 1794

Anleitung

zur Farbenmischung und zum Ausmahlen.

N.° I.

Man beginnt mit der Anlage der Rosen, und vollendet diese, ehe man das Laub zu mahlen anfängt, bis auf die stärksten Schatten. Man nimmt dazu den feinsten Carmin, mischt solchen mit etwas Weis, und verdünnt diese Mischung mit Wasser so lange, bis sie den ersten leichten Ton oder Anstrich giebt. Ist diese erste Anlage trocken, so wird zu gedachter Mischung etwas mehr Carmin hinzugefügt, um damit der Rose eine höhere Farbe zu geben. Erst jetzt geht man an das Laub. Dieses wird durchgängig, mit Berggrün, wozu ein wenig Weis, und etwas Englisch- oder Erdblau gemischt worden, angelegt. Die äussere Seite behält diese Anlage, und wird mit Grün, wozu mehr Blau gemischt worden, schattirt; die innere Seite aber muß mit einem durch Wasser verdünnten Saftgrün überzogen, auch mit Saftgrün ausgemahlt werden. Die Blumenkelche und Knospendekel legt man sehr leicht mit Berggrün, wozu Saftgrün gemischt ist, an: eben so die dünnen Stiele der Rosen. Zur Anlage des Hauptstiels aber wird Saftbraun genommen, und solcher mit Caßlerbraun schattirt. Man kann auch diese Farbe zum Schatten der Blumenkelche und Knospenhüllen gebrauchen, nur wird man solchen immer ihre erste grünlichte Anlage zu erhalten bemüht seyn müssen. Endlich giebt man mit lauterem Carmin der Blume ihre tiefsten Schatten, und sucht durch Vertreibung der noch getrennten, an einander grenzenden Farben dem Ganzen Uebereinstimmung zu geben.

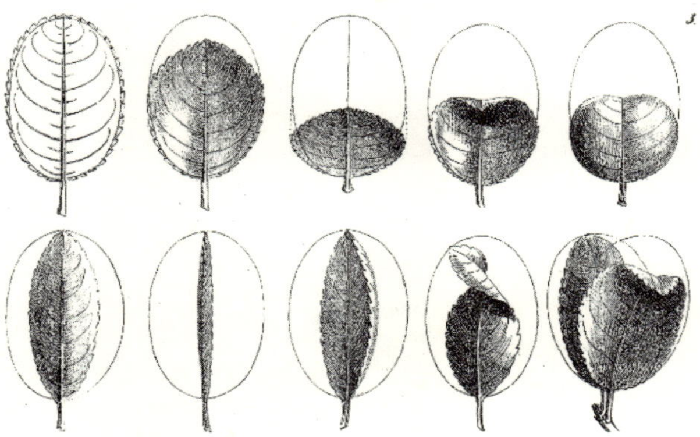

1 Maria Sibylla Merian: *Der Raupen wunderbare Verwandlung und sonderbare Blumennahrung,* 1683, zitiert nach: Dortmund, 1982, Seite 31
2 Friedrich Schnack: *Rosen und Vergissmeinnicht,* Stuttgart, 1967
3 Elisabeth Blackwell: *Curious Herbal's,* 1737–1739
4 Hans Bender: *An den Rosenmaler Redouté,* in: Frankfurter Allgemeine Zeitung, 22.7.1986

Blumensprache

Es »durch die Blume« zu sagen erscheint uns heute eher als wundersamer Geheimcode, den im Biedermeier Verliebte verwendeten, um ihre Seelenbefindlichkeit mitzuteilen. So bedeutete eine Rosenknospe, aufrecht überreicht, »ängstlich, aber hoffend«, mit dem Stiel nach oben jedoch »weder furchtsam noch zuversichtlich«. Entfernte man die Dornen, hieß die Botschaft »Ich ersehne mir alles«, eine Rose ohne Blätter dagegen sagte: »Ich befürchte das Schlimmste«. Sogar Varianten, in welcher Hand oder wo am Kleid man die Blume trug, verliehen der Meldung eine Nuance.

Die Sprache der Blumen wurde bei uns durch Lady Mary Montagu, eine Engländerin, bekannt. Sie hatte um 1720 in ihren berühmten »Briefen aus der Levante« davon berichtet, daß in der Türkei Liebesbotschaften mitunter in Form eines Sammelsuriums von Blumen und anderen Dingen ausgetauscht würden, worauf sich dann der Empfänger, meist die Empfängerin, buchstäblich einen Reim machen müsse.[1]

Lady Mary Montagu schrieb an Lady Rich:
»Pera 16. März a. St. 1718

Ich bin sehr glücklich, liebe Lady (Rich), daß Sie nun endlich einen Auftrag für mich gefunden haben, den ich auszuführen vermag, ohne dabei Ihre Erwartungen zu täuschen. Ich muß Ihnen sagen, daß es nicht so leicht ging, als Sie vielleicht denken. Wäre meine Neugier nicht so eifrig am Werk gewesen, dann hätte ich Ihnen wiederum mit einer Entschuldigung antworten müssen, wie damals, als Sie eine griechische Sklavin wünschten. Ich habe für Sie, Ihrem Wunsche gemäß, einen türkischen Liebesbrief. Ich lege ihn in ein Schächtelchen und habe den Kapitän des Smyrnioten beauftragt, Ihnen dasselbe zusamt diesem Briefe einzuhändigen.

Keine Farbe, keine Blume, kein Zweig, kein Gras, keine Frucht, Feder oder Kiesel, die nicht ein entsprechendes Verslein hätten. Sie können streiten, Vorwürfe machen, Briefe der Leidenschaft, Freundschaft, Höflichkeit senden, ja selbst Neuigkeiten mitteilen, ohne sich auch nur die Finger tintenschwarz zu machen.

Die wörtliche Übersetzung lautet wie folgt: als erstes müssen Sie der Börse eine kleine Perle entnehmen, türkisch „ingi“ genannt, was also zu verstehen ist:

Ingi Sensin Guzelerin gingi	Perle Holdeste der Jungfrauen
Caremfil Caremfilsen cararen yok Conge gulsum timarin yok Benseny chok than severim Senin bendin, haberin yok	Gewürznelke Du bist schlank wie diese Gewürznelke! Du bist eine knospende Rose! Lange lieb' ich Dich und Du weißt es nicht!
Pul Derdime derman bul	Jonquille Erbarme Dich meiner Leidenschaft!
Kihat Birlerum sahat sahat	Papier Jede Stunde werde ich ohnmächtig!
Ermus Ver bize bir umut	Birne Gib mir ein wenig Hoffnung!
Jabun Derdinden oldum zabun	Seife Ich bin krank vor Liebe.
Chemur Ben oliyim size umur	Kohle Möge ich sterben und all meine Jahre Dein sein!
Gul Ben aglarum sen gul	Rose Möge es Dir wohlgehen und Dein Kummer nur mich bedrücken.
Hasir Oliim sana yazir	Stroh Laß mich Dein Sklave sein.
Joha Ustune bulunmaz pahu	Tuch Du bist unschätzbar.
Tartsin Sen ghel ben chekeim senin hargin	Zimt Mein Vermögen gehört Dir.
Gira Esking-ilen oldum ghira	Schwefelholz Ich brenne, ich brenne! Meine Flamme verzehrt mich!
Sirma Uzunu benden a yirma	Goldfaden Verwende Dein Antlitz nicht von mir.
Satch Bazmazum tatch	Haar Krone meines Hauptes!
Uzum Benim iki Guzum	Traube Mein Augentrost!
Tel Ulugornim tez ghel	Golddraht Ich sterbe – komm geschwind.

Und als Nachschrift:

Biber Bize bir dogm haber	Pfeffer Antworte mir.«[2]

Es wurde viel darüber gestritten, auf welchem Weg Lady Mary ihr Wissen über die Sitten in so intimen Bereichen wie der Verständigung unter Liebenden erworben hat. Fest steht, daß sie ihre Zeit in der im Kriegszustand befindlichen Festung nutzte: Sie lernte Türkisch und Arabisch und wurde in das Wesen und Schrifttum des Morgenlandes eingeführt. Ob es ihr möglich war, das Innere des großherrlichen Serails, also des Ortes, wo sich die Frauen aufhielten, zu betreten, ist nicht sicher.

Der Liebesbrief aus dem türkischen Harem hatte in Mitteleuropa große Auswirkungen. »Zur Zeit der Türkenopern erwachte das Interesse an östlichen Geheimnissen, und so traf der berühmte Orientalist Hammer-Purgstall 1809 genau den „Trend" schon leicht instrumentalisierter Empfindsamkeit, als er von einer Blumensprache berichtete, in der allein die türkischen Haremsdamen miteinander verkehrten. Aus solchen Anregungen entstand während der Befreiungskriege und danach schnell ein Gesellschaftsspiel, dem nicht an historischer Treue, wohl aber an galanter Allegorisierung lag, ein Zeichensystem mit ungeahntem Eigenleben.

Dreisprachiges Gesellschaftsspiel »Das Reich der Blumenkönigin«, Pappe und Papier farbig bedruckt, um 1830

Rose und Lilie, Holzschnitt aus einer illustrierten Familienzeitung, Ende 19. Jahrhundert

Ausgerechnet ein Lyzeumsprofessor brachte 1808 als erster eine Sammlung von „Idylles morales“ heraus, in denen jeweils Blumen bedichtet wurden, ein unschuldiges Heft fürs Boudoir. Gut zehn Jahre später löste das Erscheinen des noch heute meistgenannten Werkes zur Blumensprache, Charlotte de Latours „Le Langage des fleurs“, gleich einen Prioritätsstreit aus, da schon 1811 und 1816 ähnliche Bücher gedruckt worden waren.«[3]

Verleger wetteiferten um Marktanteile beim blumigen Geschäft. Bis 1870 entwickeln sich verschiedene Subtraditionen, die neue Interessenten ansprechen: »Während man einerseits versuchte, den Zeitvertreib wieder in wissenschaftliche Bahnen zu lenken, indem man den jungen Damen, für die die Bücher immer noch gedacht waren, anhand der Blumensprache wie nebenbei Linnés botanisches System erklärte, wurde auf der anderen Seite der systematisch-moralische Wert erkannt: Mehrere Abbés verfaßten Andachtsbücher, worin die einst galante Nichtigkeit zum frommen Zweck in Mariensymbolik umgemünzt wurde. Auf der Welle des Spiritismus gegen Ende des Jahrhunderts entstanden Blumenorakel und sogar kabbalistisch garnierte Schriften. Literarisch verwertet wurde das Sujet bei Balzac ebenso wie bei dem Unterhaltungsromancier Paul de Kock – Andeutungen gibt es noch im Werk von James Joyce. Spätestens er sah in der Salon-Spielerei wohl nur mehr ein viktorianisches Relikt, doch Bücher, die Verliebten den „ewigen, natürlichen Sinn“ der Blumen nahebringen wollen, gibt es weiterhin.«[4, 5]

1 *Der Lady Mary Pierrepont Wortley Montagu Reisebriefe 1716–1718,* Hrsg. von H. H. Blumenthal, Wien
2 Lady Mary Montagu, ebenda
3 Johannes Saltzwedel: *Spielerische Tradition – Die Sprache der Blumen,* in: FAZ 4.10.1990
4 Johannes Saltzwedel, ebenda
5 Jack Goody: *Yale Journal of Criticism,* 3. Jg. Heft 2, 1990

Blumenuhr

Noch heute sagt man es »unverblümt« oder spricht »durch die Blume«. Um die Mitte des 19. Jahrhunderts verständigten sich unsere Vorfahren mit Hilfe von sogenannten Blumenuhren zum Beispiel über den Zeitpunkt eines Rendezvous. Daß es diese Art der Kommunikation in sich hatte, wird verständlich bei genauerer Betrachtung der Blumenuhren: nicht eine einzige gleicht der anderen.

Ihren Ursprung haben die Blumenuhren vermutlich in den exakten Blumenbeschreibungen der Botaniker, die festhielten, um welche Tageszeit sich eine Blüte öffnet oder schließt.

Professor Braun aus Stuttgart, der um 1840 »Allen edlen deutschen Jungfrauen« ein Taschenbuch der Blumensprache gewidmet hat, beschreibt darin eine Blumenuhr:

»Durch jene Eigenschaften der Blumen, und weil viele, wie schon oben bemerkt, zu bestimmten Stunden sich öffnen und schließen, kam man auf die Idee, sie um eine Laube, oder einem andern dazu bestimmten Platze im Garten so nebeneinander zu pflanzen, daß sie in ihrem Erblühen oder Schließen die Stundenfolge anzeigen, und auf solche Weise die Stelle einer Uhr vertreten.«[1]

Zu diesen Blumen, die die Stunden von drei Uhr morgens bis acht Uhr abends angeben, gehören 38 Pflanzen, vom Bocksbart bis zur braunroten Tagblume:

»Obgleich niemand für den richtigen Gang einer solchen Blumen-Uhr einstehen kann, weil die Temperatur, die Trockenheit und Feuchtigkeit der Luft einen großen Einfluß auf das Öffnen und Schließen der Blumen haben, so können doch die in der obigen Tabelle namhaft gemachten Pflanzen auf eine andere Art der eleganten Welt als Stundenweiser nützlich werden, indem z. B. die Ueberreichung oder Zusendung eines Zettels mit den Worten: „Ich erwarte Dich, wenn sich die Ringelblume geschlossen hat!" den Wunsch verlautbart, daß der Eingeladene sich um drei Uhr zum Rendezvous einfinden soll.

In Fällen, wo zu befürchten wäre, daß selbst eine solche, dem Uneingeweihten durchaus unverständliche schriftliche Invitation, nicht versteckt genug ist, kann man sich auch, nach vorhergenommener Rücksprache, einzelner kleiner Blumen bedienen, so würde z. B. ein übersandter kleiner Strauß von drei, sechs oder zehn Aurikeln, oder Gänseblümchen usw., den Wunsch andeuten: der Empfänger soll um drei, sechs oder zehn (Uhr) an bewußtem Ort erscheinen.

Erste Blumenuhr

Allegorische Bezeichnung der Stunden bei den Alten

Erste Stunde:	Ein Strauß aufgehender Rosen
Zweite Stunde:	Ein Strauß Heliotropen
Dritte Stunde:	Ein Strauß weißer Rosen
Vierte Stunde:	Ein Strauß Hyacinthen
Fünfte Stunde:	Fünf Zitronen
Sechste Stunde:	Ein Strauß Lotusblumen
Siebente Stunde:	Ein Strauß Lupinen
Achte Stunde:	Acht Pomeranzen
Neunte Stunde:	Blätter des Ölbaumes
Zehnte Stunde:	Blätter des Pappelbaumes
Elfte Stunde:	Ein Strauß Ringelblumen
Zwölfte Stunde:	Ein Strauß Veilchen«[2]

Zweite Blumenuhr

Soll die verehrte Person unbemerkt von den anderen die Stunde des Stelldicheins erfahren, so wird ihr eine Blume bzw. ein Blumenstrauß überreicht, in dem die die Uhrzeit bezeichnende Blume besonders gekennzeichnet ist (z. B. durch einen Löwenzahnstengel, der in Form eines Ringes um die betreffende Blume gelegt ist).

Die Bedeutungen der Blume sind:

Ein Uhr...	Grashalm
Zwei Uhr...	Weiße Rose
Drei Uhr...	Kamille
Vier Uhr...	Hyazinthe
Fünf Uhr...	Kornblume (Cyane)
Sechs Uhr...	Eine rote und eine weiße Rose
Sieben Uhr...	Kuhblume (Löwenzahn)
Acht Uhr...	Aurikel
Neun Uhr...	Fichtenreis
Zehn Uhr...	Sträußchen Veilchen
Elf Uhr...	Nelke
Zwölf Uhr...	Sträußchen Kornblumen mit einer Kleeblume

Um anzudeuten, daß nicht die Blumensprache, sondern die Blumenuhr gemeint ist, wird um die Sträußchen bzw. die einzelnen Blumen ein seidnes Bändchen gebunden; ein weißes Bändchen zeigt die Tages-, ein blaues die Nachtstunden an.[3]

Dritte Blumenuhr

Eugene Rimmel beschreibt 1865 eine Blumenuhr in seinem »The book of perfumes«. Sein Blumenchronometer dient, verglichen mit den beiden anderen, eher profanen Zwecken. Die Zeit dieser Blumenuhr gibt den Zeitpunkt des Erblühens der Blume an – und dieser ist für den Parfumeur Rimmel entscheidend, denn will er den Duft der Rose gewinnen, muß sie vor dem vollständigen Erblühen und besonders vor dem Einsetzten des Morgentaues gepflückt sein. Sonst geht das balsamische Rosenöl in die Atmosphäre über.
Einzig die Hyazinthe scheint in den Zeitlabyrinthen der Blumenuhren von wahrem Charakter, nur sie bietet Verabredeten Gewähr, sich zu treffen, auch wenn sie sich nach verschiedenen Blumenuhren richten. Daß die Zusammentreffen auf den Frühling beschränkt bleiben, weil die Hyazinthe nur im Lenz blüht, steht auf einem anderen Blütenblatt.

Hyazinthe, kolorierter Kupferstich von Maria Sibylla Merian, 1683

Blumenuhr, Holzschnitt, 1865[4]

1 J. M. Braun: *Taschenbuch der Blumensprache oder Deutscher Selam*, Stuttgart, 1840
2 J. M. Braun, ebenda
3 Vollständige Blumensprache, 1843
4 Eugene Rimmel: *The book of perfumes*, London, 1865, Seite 9

Candirte Rosen, Rosenconserve und Crème von Rosen

Rosenbrödchen zu machen

Man nehme recht schöne Centifolien-Rosen, pflücke die Blätter ab, sehe sie durch, daß keine Unreinigkeiten daran bleiben, hacke sie, knete sie mit feinem Mehl dicht, mache längliche oder runde Kügelchen davon und lasse sie beim Bäcker oder in der Hitze recht trocken werden. Sie müssen recht trocken seyn, daher ist es besser, wenn man sie schnell trocknet. Man hebe diese Brödchen an einem trockenen Orte auf. Beim Gebrauch stoße man sie im Mörser klein und benutze sie zur Milchsuppe. Man koche die Milch zur Suppe mit einem Stückchen Zucker auf, stoße die Rosenbrödchen im Mörser klein und thue sie in die aufgekochte Milch. Beim Anrichten wird Zucker und Zimmet darüber gestreut. [1]

Crème von Rosen au bain Marie

Die Rosen, und vorzüglich die Centifolien-Rose, welche an Geruch und Geschmack die vorzüglichste ist, gut abgeblättert und mit Sahne und ein wenig ganzen Zimmet abgekocht. Man rühre 1 Löffel Mehl mit dem Gelben von 15 Eyern und 1/2 Pfund Zucker klar, lasse es mit der Sahne, worin die Rosen gekocht worden, durch ein Haarsieb in eine Form au bain Marie langsam kochen, bis die Crème trocken ist; dann kalt gestürzt und mit Baisés garniert. Diese Crème kann man mit legierter Sahne geben.

Flan von Rosen

Zwei Quart Sahne müssen mit 1/2 Metze der abgepflückten Rosenblätter, die vorher gut nachgesehen werden, daß keine Würmer dazwischen bleiben, abgekocht werden, so daß die Hälfte bleibt; dann das Gelbe von 15 Eyern mit 12 Loth Zucker in einem Topf zusammengeschlagen und den Schnee von dem Weißen von 6 Eyern dazu gethan; die Sahne durch ein Haarsieb darauf gelassen, klar gerührt, in einem Rande eine Stunde langsam gebacken und mit Zucker glaciert.

Gefüllte Rosen

Man nehme gestoßenen und fein gesiebten Zucker, abgeriebene Zitronenschale, mit Eygelb fein gestoßene süße Mandeln, Muskatennuß und Zimmet und reibe es in einem Reibenapf zusammen. Hierauf pflücke man gut geschlossene Centifolien-Rosen, daß noch ein etwas langer Stiel daran bleibt, ab, und fülle die Masse zwischen die Blätter; dann einen Teig von feinem Mehl mit siedendem Wasser, etwas Zucker und Eiweiß gemacht, die Rosen darein getaucht und in Schmalz ausgebacken. Am besten ist es, wenn man um die Rosen Zwirnfäden zieht, damit sie nicht voneinander gehen und das Gefüllte herausfällt. Der Faden muß aber, ehe man sie zur Tafel giebt, wieder abgenommen werden.

Drei Knaben mit Rosengirlanden und Schalen, Porzellan Manufaktur Plaue in Thüringen, Anfang 20. Jahrhundert

Rosenmuss

Man stoße eine Handvoll schöne Rosenknospen, eben so viel große und kleine Rosinen und in Wein eingeweichte Semmel im Mörser klein, rühre es dann mit einem Nößel Wein durch ein Haarsieb, thue Zucker, gestoßene Nelken und Zimmet dazu, lasse es gehörig dick kochen und gebe es warm zur Tafel. Man kann statt des Weines auch Hühnerbrühe dazu nehmen.

Gebackene Rosen

Man nehme weiße Rosen, putze das Gelbe heraus, auch die Stiele sauber ab und tauche sie in eine Crème, die aus Mehl, fein gestoßenen Mandeln, Zimmt, Muskatennuß, Eyweiß, süßer Sahne und ein wenig Rosenwasser besteht; dann in Schmalz und Backbutter ausbacken.

Candirte Rosen

Man breche gut geschlossene Centifolien-Rosen nicht zu kurz vor dem Strauche ab, lasse 1 Pfund feinen Zucker, oder auch mehr oder weniger, je nachdem man Rosen candiren will, sieden, bis er sich zieht; dann hebe man ihn vom Feuer, lasse ihn verkühlen, wobei man ihn noch solange rührt, bis er anfängt dick und weiß zu werden. Hierauf tauche man die Rosen schnell in den Zucker und ziehe sie, wenn die Blätter den Zucker überall angenommen haben, durch die Finger, damit der überflüssige Zucker herabkommt. Man lege die Rosen auf einen reinen Bogen Papier und laße sie an einem warmen Orte langsam trocknen und hart werden.

1 Alle Rezepte in: Johann Georg Krünitz's Encyklopädie, Stichwort Rose, Berlin, 1819, Seite 151

Celans »Niemandsrose«

Psalm

Niemand knetet uns wieder aus Erde und Lehm,
niemand bespricht unsern Staub.
Niemand.

Gelobt seist du, Niemand.
Dir zulieb wollen
wir blühn.
Dir
entgegen.

Ein Nichts
waren wir, sind wir, werden
wir bleiben, blühend:
die Nichts-, die
Niemandsrose.

Mit
dem Griffel seelenhell,
dem Staubfaden himmelswüst,
der Krone rot
vom Purpurwort, das wir sangen
über, o über
dem Dorn.

Paul Celan: Psalm, in:
Die Niemandsrose,
Frankfurt, 1963

Dornröschen

Ein König und eine Königin kriegten gar keine Kinder, und hätten so gern eins gehabt. Einmal saß die Königin im Bade, da kroch ein Krebs aus dem Wasser ans Land und sprach: »Dein Wunsch wird bald erfüllt werden und du wirst eine Tochter zur Welt bringen.« Das traf auch ein, und der König war so erfreut über die Geburt der Prinzessin, daß er ein großes Fest anstellen ließ, und dazu lud er auch die Feen ein, die im Lande waren; weil er nur zwölf goldene Teller hatte, konnte er eine nicht einladen: es waren ihrer nemlich dreizehn. Die Feen kamen zu dem Fest, und beschenkten das Kind am Ende desselben: die eine mit Tugend, die zweite mit Schönheit und so die anderen mit allem, was nur auf der Welt herrlich und zu wünschen war; wie aber eben die elfte ihr Geschenk gesagt hatte, trat die dreizehnte herein, recht zornig, daß sie nicht eingeladen worden und rief: »weil ihr mich nicht gebeten, so sage ich euch, daß eure Tochter in ihrem fünfzehnten Jahre an einer Spindel sich stechen und todt hinfallen wird.« Die Eltern erschraken, aber die zwölfte Fee hatte noch einen Wunsch zu thun, da sprach sie: »es soll aber kein Tod seyn, sie soll nur hundert Jahre in einen tiefen Schlaf fallen.«

Der König hoffte immer noch sein liebes Kind zu erretten, und ließ den Befehl ausgehen, daß alle Spindeln im ganzen Königreich sollten abgeschafft werden. Die Prinzessin aber wuchs heran, und war ein Wunder von Schönheit. Eines Tages, als sie ihr fünfzehntes Jahr eben erreicht hatte, war der König und die Königin ausgegangen, und sie ganz allein im Schloß, da ging sie aller Orten herum nach ihrer Lust, endlich kam sie auch an einen alten Thurm. Eine enge Treppe führte dazu, und da sie neugierig war, stieg sie hinauf und gelangte zu einer kleinen Thüre, darin steckte ein gelber Schlüssel, den drehte sie um, da sprang die Thüre auf und sie war in einem kleinen Stübchen, darin saß eine alte Frau und spann ihren Flachs. Die alte Frau gefiel ihr wohl, und sie machte Scherz mit ihr und sagte, sie wollte auch einmal spinnen, und nahm ihr die Spindel aus der Hand. Kaum aber hatte sie die Spindel angerührt, so stach sie sich damit, und alsbald fiel sie nieder in einen tiefen Schlaf. In dem Augenblick kam der König mit dem ganzen Hofstaat zurück, und da fing alles an einzuschlafen, die Pferde in den Ställen, die Tauben auf dem Dach, die Hunde im Hof, die Fliegen an den Wänden, ja das Feuer, das auf dem Heerde flackerte, ward still und schlief ein, und der Braten hörte auf zu brutzeln, und der Koch ließ den Küchenjungen los, den er an den Haaren ziehen wollte, und die Magd ließ das Huhn fallen, daß sie rupfte, und schlief, und um das ganze Schloß zog sich eine Dornhecke hoch und immer höher, so daß man gar nichts mehr davon sah.

Prinzen, die von dem schönen Dornröschen gehört hatten, kamen und wollten es befreien, aber sie konnten durch die Hecke nicht hindurch dringen, es war, als hielten sich die Dornen fest wie an Händen zusammen, und sie blieben darin hängen und kamen jämmerlich um. So währte das lange, lange Jahre: da zog einmal ein Königssohn durch das Land, dem erzählte ein alter Mann davon, man glaube, daß hinter der Dornhecke ein Schloß stehe, und eine wunderschöne Prinzessin schlafe darin mit ihrem ganzen Hofstaat; sein Großvater habe ihm gesagt, daß sonst viele Prinzen gekommen wären und hätten durchdringen wollen, sie wären aber in den Dornen hängen geblieben und todtgestochen worden. »Das soll mich nicht schrecken«, sagte der Königssohn, »ich will durch die Hecke dringen und das schöne Dornröschen befreien«; da ging er fort, und wie er zu der Dornhecke kam, waren es lauter Blumen, die thaten sich voneinander, und er ging hindurch, und hinter ihm wurden es wieder Dornen. Da kam er ins Schloß, und in dem Hof lagen die Pferde und schliefen und die bunten Jagdhunde, und auf dem Dach saßen die Tauben und hatten ihre Köpfchen in den Flügel gesteckt, und wie er hineinkam, schliefen die Fliegen an den Wänden, und das Feuer in der Küche; der Koch und die Magd, da ging er weiter, da lag der ganze Hofstaat und schlief, und noch weiter, der König und die Königin; und es war so still, daß einer seinen Athem hörte, da kam er endlich in den alten Thurm, da lag Dornröschen und schlief. Da war der Königssohn so erstaunt über ihre Schönheit, daß er sich bückte und sie küßte, und in dem Augenblick wachte sie auf, und der König und die Königin, und der ganze Hofstaat, und die Pferde und die Hunde, und die Tauben auf dem Dach, und die Fliegen an den Wänden, und das Feuer stand auf und flackerte und kochte das Essen fertig, und der Braten brutzelte fort, und der Koch gab dem Küchenjungen eine Ohrfeige, und die Magd rupfte das Huhn fertig. Da ward die Hochzeit von dem Königssohn mit Dornröschen gefeiert, und sie lebten vergnügt bis an ihr Ende.[1]

Die Schwiegermutter

Es war ein König und eine Königin (der Prinz und Dornröschen), die hatten eine bitterböse Schwiegermutter. Einmal zog der König ins Feld, da ließ die alte Königin ihre Schwieger unten in einen dumpfigen Keller einsperren, und ihre zwei Söhnlein zu ihr. Eines Tages nun sprach sie zu sich selbst: ich hätte so Lust das eine von den Kindern zu essen, rief ihren Koch und ließ ihn hinuntersteigen, das eine Söhnlein zu nehmen, zu schlachten und zuzurichten.

»Mit was für einer Brühe?« fragte der Koch. Mit einer braunen, sprach die alte Königin.

Da ging der Koch in den Keller und sprach: »ach Frau Königin, die alte Frau Königin will haben, ich soll heut Abend Euren einen Sohn schlachten und kochen.« Da war die junge Königin herzlich betrübt und sagte: ach, wollen wir nicht ein Schweinchen nehmen, das koch doch so, wie sie es haben will, und sprich, es wäre mein Kind gewesen.

Der Koch that so und trug das Schweinchen in brauner Brühe auf, »da wäre das Kind«, und sie aß es auf mit großem Appetit.

Bald darauf dachte die Alte: das Kinderfleisch hat mir so zart geschmeckt, du willst das zweite auch essen, rief den Koch und hieß ihn in den Keller gehen, und den zweiten Sohn schlachten.

»Mit was für einer Brühe soll ich ihn kochen?« ei, mit einer weißen, sprach die alte Königin.

Der Koch ging hinunter und sagte: ach, die alte Frau Königin hat mich geheißen, daß ich nun auch euer zweites kleines Söhnchen schlachten und kochen soll. Die junge Königin sprach: nimm doch ein Spanferkelchen und koch es, wie sies gern haben will.

Das that der Koch, und setzte es der Alten vor in einer weißen Brühe, und sie speiste es mit noch größerem Appetit.

Endlich dachte die Alte: nun sind die Kinder in meinem Leib, du willst nun auch die junge Königin essen, rief den Koch und befahl ihm die junge Königin zu kochen. –

(Fragment: beim drittenmal schlachtet der Koch eine Hirschkuh. Nun hat aber die junge Königin ihre Noth, daß sie ihre Kinder vom Schreien abhält, damit die Alte nicht hört, sie seien noch am Leben u. s. w.)

Dornröschen ist sicher eines der bekanntesten Grimmschen Märchen. Weniger bekannt ist seine deutliche Affinität zur romanischen Märchentradition und seine überlieferungsgeschichtliche Abhängigkeit zu dem französischen Feenmärchen »La belle au bois dormant« (Die schlafende Schöne im Walde) von Charles Perrault (1628–1703).[2] Eine mündliche oder schriftliche Überlieferungs- und Erzähltradition in Hessen oder Deutschland läßt sich nicht belegen. Die Grimmsche Fassung des Märchens stammt von der Kasseler Bürgertochter Marie Hassenpflug, die als Tochter einer hugenottischen Mutter mit französischer Sprache und Kultur vertraut war.[3]

Die französische Herkunft des Märchens war den Brüdern Grimm bewußt, allenfalls der Titel deutet auf eine deutsche Quelle. In den späteren Auflagen der »Kinder- und Hausmärchen« näherte Wilhelm Grimm das Märchen immer mehr der Perraultschen Textfassung an. Der Krebs zum Beispiel wird später zum Frosch. Während Perrault das erste Glück des Zueinanderfindens zu einer heimlichen Ehe im verborgenen Schloß verlängert, bis der junge König es wagt, seine Frau und seine beiden Kinder heim zu sich und damit auch zu seiner schlimmen Mutter zu holen, trennt Wilhelm Grimm das Märchen. Das deutsche Märchen endet mit der Erlösung Dornröschens aus hundertjährigem Schlaf, während das französische Märchen als echtes Zaubermärchen mit der Bestrafung der bösen Schwiegermutter Dornröschens schließt. In der Grimmschen Sammlung ist dieser zweite Teil in dem Märchen »Die Schwiegermutter« enthalten.

LA BELLE.
AU BOIS
DORMANT.
CONTE.

IL eſtoit une fois un Roi & une Reine, qui étoient ſi fachez de n'avoir point d'enfans, ſi fa-
. A ſchez

1 Urfassung des Märchens *Dornröschen* (Nummer 50) und des abgetrennten Teils *Die Schwiegermutter* (Nummer 84), in: Die Kinder- und Hausmärchen der Brüder Grimm, herausgegeben von Jacob und Wilhelm Grimm, Kassel, 1812/1814

2 Charles Perrault: *La belle au bois dormant,* in: Histoires ou contes du temps passé (Geschichten und Märchen aus vergangener Zeit); Paris, 1697

3 Bernhard Lauer, *Dornröschen,* in: Illustrationen der letzten hundertfünfzig Jahre zu dem Märchen der Brüder Grimm, Friedland, o. D.

Lesenswert: Angela Waiblinger Dornröschen, Zürich, 1988

Rosenduft — der Liebe Luft

Vom Räuchern, der ältesten Art aromatische Stoffe zu religiösen, therapeutischen und rituellen Zwecken freizusetzen, stammt unser heutiges Wort Parfüm (Per fumum = durch Rauch).

Duft gilt als zartestes Symbol göttlicher Nähe, und neben dem Weihrauch scheint der himmlische Wohlgeruch besonders im Rosenduft eine Entsprechung zu finden.

Die Griechen nennen den Duft Himmelsluft oder Äther. »Attar of Rose« oder »Otto of Rose« heißt das ätherische Öl der Rose, Ausgangsstoff aller Zubereitungen mit Rosenduft.

»Duft und Atem, guter Geruch und Leben werden identisch bis zur Austauschfähigkeit. Der Wohlgeruch ist eine göttliche Eigenschaft, Wohlgeruch bedeutet Leben.«[1]

Feste und halbfeste pflanzliche und tierische Duftstoffe wie Hölzer, Harze, Ambra, Bibergeil, Zibet und Moschus bilden die Grundlage von Räucherwerk, Salben und Ölen. Bis zum Aufkommen der Destillation ist es nicht möglich, ätherische Öle aus Blütenpflanzen zu extrahieren.

Das erste kunstgeschichtliche Zeugnis, das mit Duftzubereitung in Zusammenhang gebracht werden kann, steht im Museum in Philadelphia, ein Gefäß, das aus dem mesopotamischen Tepe Gawra aus der Zeit um 3500 vor Christus stammt. Es ist Beleg dafür, daß die Kunst des Destillierens, Sublimierens und Extrahierens aus dem alten Orient stammt und zu dieser Zeit schon bekannt war.[2]

Parfümflakon, Glas, 1920er Jahre

Ägypterin bei der Toilette, Holzschnitt, 1865

Aus Ägypten ist uns eine differenzierte Duftkultur bekannt: Salben und Öle werden in großen Mengen hergestellt, die Düfte den Göttern geopfert. Für die Körperpflege und den festlichen Anlaß stehen Salben und Räucherwerk bereit.

»Die Ägypterinnen hatten bereits die Kunst der Parfümierung der einzelnen Körperteile aufs höchste ausgebildet und besaßen Parfüme für das Haar, den Mund und die Geschlechtsteile.«[3]

Reliefs erzählen von der Zubereitung, dem Abfüllen und den Gefäßformen, erhaltene Behälter und Toilettensächelchen zeigen den Erfindungsreichtum des Kunsthandwerks, das die Verstorbenen zu einem neuen Leben ins Grab begleitet.

Im Totenkultus spielen Düfte eine hervorragende Rolle: Der Körper des Toten wird einige Male mit Rosenwasser gewaschen, danach mit Weihrauch, Aloe und mit verschiedenen Gewürzen parfümiert, schließlich wird er in mit flüssigen Duftstoffen getränkte Tücher gewickelt und in seinen besten Kleidern begraben.[4]

Diese flüssigen Duftstoffe bestanden aus Öl, dem fein zerriebene aromatische Substanzen pflanzlicher Herkunft zugesetzt waren. Waren es Blumen, handelte es sich in erster Linie um Rosen.[5]

Neben den in kostbaren Salben und Ölen zerriebenen Pflanzen wurden natürlich auch frische, duftende Blumen verwendet. So fand man 1922 beim Öffnen des Grabes von Tut-ench-Amun getrocknete Rosensträuße.

Gegenüber dem aus dem antiken Griechenland und Rom überlieferten Brauch, den Kopf bei Gelagen mit Kränzen zu kühlen, Kissen mit Rosen zu stopfen, oder Rosenblätter zum Entzücken der Gäste von der Decke rieseln zu lassen, ist der Umgang mit Rosen in unseren Breiten weniger sinnenfroh, therapeutischen und kultischen Zwecken dienend.

Um das Jahr 800 bringen Mönche Rosen aus orientalischen Ländern mit nach Deutschland. Albertus Magnus sind im 13. Jahrhundert vier Rosenarten bekannt. In zahlreichen Darstellungen ist uns der Rosenhag als Duftraum überliefert. Der Duft der Rose ist noch an die Pflanze selbst und ihren Standort gebunden.

Den therapeutischen Eigenschaften der ätherischen Öle gilt das Interesse in den Klöstern. Ihre keimtötenden, insektenvertreibenden und heilenden Wirkungen werden erforscht.

Obwohl Avicenna um das Jahr 1000 die Destillation wiederentdeckt, dauert es noch lange, ehe diese Kunst des Extrahierens der aromatischen und heilkräftigen Stoffe mit Hilfe der Destillation wirklich bekannt und benutzt wird.

Bis dahin werden feste und halbfeste Duftstoffe geräuchert oder sie brauchen einen Duftträger, ein eigens geschaffenes Behältnis. Beispiele sind parfümierte Handschuhe, Duftkugeln und Riechbüchschen, die an der Kleidung befestigt den Körper in eine Duftwolke hüllen. Rauchtöpfe, Riechkästen und Parfümbrenner aromatisieren die Luft in den Räumen.

Grundlage der Duftstoffe sind pflanzliche Substanzen, die zu einer sirupartigen Masse verschmolzen und in diesem Zustand mit tierischen Duftstoffen wie Moschus, Zibet und Ambra versetzt werden. Die stark riechenden tierischen Sekretionsstoffe stabilisieren das Duftgemisch. Solange die warme, siruartige Masse noch knetbar ist, wird sie zu Kugeln geformt oder in eine Pomanderform gedrückt. Pomander – meist aus Metall gearbeitet – dienen mehrere Jahrhunderte, wie auch filigrane Paternosterperlen in Rosenkränzen, als Duftbehältnisse.[6]

Die Duftanwendung dient vielfältigen Zwecken: Außer den religiösen und magischen Anwendungen sollen mit der Vertreibung von üblen Gerüchen auch die Krankheiten, die sie auslösen, vertrieben werden. Der am Körper des Arztes getragene Duftstoff bewahrt ihn vor Ansteckung.

In der Medizin wird Duft auch in Form von Rauch therapeutisch eingesetzt. So schreibt Roeslin 1513 in seinem Rosengarten, einem Buch für schwangere Frauen und Hebammen: »Schon einen Monat vor der Geburt sollen Sitzbäder gemacht werden, der Leib gerieben und gesalbt und Räucherzusätze ins Feuer, weil die Gebärmutter sich öffnet dem Geruch nachzugehen.«

Durch Avicennas Entdeckung der Destillation ätherischer Öle – aus der rosa centifolia – kann die Anzahl pflanzlicher Duftstoffe erweitert werden und erst jetzt ist es möglich, größere Mengen verschiedener Blütendüfte herzustellen.

Hildegard von Bingen findet 1150 das Lavendelwasser. Zweihundert Jahre später wird das »Eau de Hongrie«, das erste »Parfüm« kreiert und im 17. Jahrhundert folgt das »Kölnisch Wasser«.

Rosen in allen Zuständen sind Bestandteil von Rezepten des 18. Jahrhunderts. Beliebt sind Riechfläschchen mit Vinaigretten. Für den täglichen Gebrauch setzt sie sich zusammen aus 28 g Essigsäure und 1,75 g Rosenöl.[7] Unser Jahrhundert beginnt mit rosenölparfümiertem Zahnpuder, Haaröl, Pomade, Seife, Extraits und Taschentuchparfüm.

Rosenpomadendöschen, Blech, farbig bedruckt, 20. Jahrhundert

Postkarte mit Rosenduft, um 1900

Flasche für parfümiertes Öl, Glas, um 1920

1 Heinz Ladendorf: *Der Duft und die Kunstgeschichte*, Hamburg, 1957
2 Heinz Ladendorf, ebenda
3 Albert Hagen: *Die sexuelle Osphresiologie*, Berlin-Charlottenburg, 1901
4 Eugene Rimmel: *The book of perfumes*, London, 1865
5 Edmund Launert: *Parfüm und Flakons*, München, 1985
6 Edmund Launert, ebenda
7 Edmund Launert, ebenda

Eitelkeit

»Ja, meine Herren und Damen, so ist es, die Sache läßt sich nicht mehr verheimlichen. Die schönste Rose kauft oft ihre Farbe bei dem Farbenhändler. Und es gibt keine Blume, welche jene Segnungen der Kultur verschmähen würde, welche die Schminke bringt. Die Blumen haben aber heute einen weit vornehmeren Beruf, als dazumal, da Daphnis Chloe mit Rosen bekränzte, ohne zu fragen, ob die Farbe der prangenden Blumen auch mit Chloe's Toilette übereinstimmen würde.

Heut zu Tage ist das anders. Die Blume hat nur Berechtigung, wenn sie die Harmonie der Toilette nicht stört, in gewissem Sinne hat sie auch einen neuen Beruf als ergänzender Bestandteil der Toilette schöner Frauen. Sie kommt in glänzende Gesellschaften, in vornehme Zirkel, und um dort gehörigen Effekt zu machen, muss sie manchmal auch an die eigene Toilette denken, muss ihren Reizen ein wenig nachhelfen, wenn sie die Natur hie und da allzu stiefmütterlich bedachte. Dazu bietet der Fortschritt der Zeit auch den Kindern Flora's tausend Behelfe. Und so täuschen die geschminkten Rosen unzählige Male unser Auge. Wir bewundern ihr prangendes Rot, das ganze Kunstwerk der Natur und die satte Farbe, die ihr genialer Pinsel auftrug, ohne zu ahnen, daß die ganze Herrlichkeit dem Tiegel des Farbenhändlers entsprang.

Das Verfahren ist sehr einfach. Man gibt in einen Liter warmes Wasser acht bis zehn Gramm Pikrinsäure, vielleicht auch etwas Alaun und Anilin-Orange, hängt die Blumen, sobald das Wasser kalt geworden, in Körben oder engmaschigen Netzen in die Farbe hinein und nach einer Stunde schon prangen die früher schneeweißen Rosen im schönsten „Theegelb" ... Man wird wohl sagen, das sei eine arge Täuschung, denn die Theerose ist die bestduftende ihrer Schwestern, von welchen keine andere ihr feines, entzückendes Parfüm besitzt. Aber die Theerose ist in Wirklichkeit nur die bestduftende Rose, so lange sie im heimischem Boden wurzelt, in unserer Erde jedoch verliert sie die charakteristischen Vorzüge bald, wie die edle Rebe, deren Trauben nach wenigen Jahren schon vergessen lassen, dass der Stock, der sie trägt, einst in Bordeaux gestanden. Die Täuschung in Bezug auf unsere Blume beschränkt sich daher – eigentlich immer nur auf die Farbe.

Wer je eine Stunde im Blumenladen zugebracht hat, der weiß auch, welche extravaganten Forderungen da erhoben werden, die Natur aber hat sich nicht immer vorbereitet, um genau die Farb-Nüance hervorzubringen, welche diese oder jene Ballrobe besitzt und verlangt. Der Blumenfärber ist nun im Stande, seinen Blumen in kürzester Zeit jede beliebige Farbe zu verleihen und die feinsten Nüancen hervorzubringen. Mit etwas Jodviolet färbt man leicht jede Rose in jenes Blauviolet, welches in den letzten Jahren von unseren Damen so viel getragen wurde, und das Bouquet harmonirt dann vollständig mit der mühevoll ausgedachten, kunstvoll zusammengestellten Toilette. Mit etwas Safranin und Corcuma erzielt man Hellscharlach – die Nelken wissen davon zu erzählen. Und wie häufig passirt es nicht, um nur etwas ganz Alltägliches zu erwähnen, dass bei einem Blumenhändler für den Abend ein Bouquet dunkelroter Rosen bestellt wird, während er nur rosa Rosen besitzt und die Kürze der Zeit nicht gestattet, in den Treibhäusern nach anderen zu suchen. Da nimmt man etwas Alaun, Eosin und Safranin, und in kurzer Zeit prangen die früher blassen Rosen im schönsten Purpurrot.«[1]

Mädchen mit Rosenhut, kolorierte Lithografie, 19. Jahrhundert

1 Hugo Klein, *Geschminkte Blumen,* in: Rosen-Zeitung, Nr. 1, 1886

Embleme

»Teilhaben lassen«, »Vergänglichkeit der Schönheit«, »Wohlwollen«, »Treue Liebe«, »Geheime Tugend«, »Huld Gottes«, »Geduld bringt Erfolg«, »Keine Lust ohne Schmerz«, »Defloration«, »Freude und Leid in der Liebe« und »Unbegreifliche Wahl der Liebe« sind einige der Botschaften, die mit der Rose als emblematischem Motiv unter das lesende Publikum gebracht wurden. Die Rose im Emblem ist nahezu universell, es gibt kaum eine Lebensweisheit, auf die sie uns nicht aufmerksam machen könnte.

Als Emblem oder Sinnbild bezeichnet wird eine dreiteilige Kunstform, die im 16. und 17. Jahrhundert beliebt wurde. Sie besteht aus dem Element Pictura, Inscriptio und Subscriptio. Das Bild, »Pictura«, ein kleiner Holz- oder Kupferstich, zeigt beispielsweise eine Pflanze oder ein Tier, Geräte, Tätigkeiten oder Vorgänge des menschlichen Lebens, eine historische, mythologische, biblische Figur oder Szene. »Aus vielen Quellen wird diese Motivik gespeist. Ägyptische Hieroglyphen, Gemmen und Skulpturen des Altertums, römische Münzen und Medaillen, zahllose antike Bildstoffe auch, die durch das Mittelalter überliefert und umgedeutet worden sind, Bestiarien und Herbarien, der „physiologus" insbesondere, auch Werke der Renaissancemaler und bebilderte Werke der neueren Zeit haben dazu beigetragen, die Bibel natürlich und die antike Mythologie, Dichtung, Geschichtsdarstellung und Naturbeschreibung, Fabeln, Anekdoten und Sprichwortsammlungen, aber ebenso die eigene Beobachtung der Natur und des menschlichen Lebens.«[1]

Über diesem Bild, »Pictura«, erscheint eine kurzgefaßte Überschrift, »Inscriptio«, die nicht selten antike Autoren, Bibelverse oder Sprichwörter zitiert. Unter dem Bild schließlich steht die »Subscriptio«, die das im Bild Dargestellte erklärt. Das Bild stellt also etwas dar und gleichzeitig wird das Dargestellte gedeutet. Das Bild bedeutet mehr, als es darstellt und wird durch einen Text erläutert. Die außerhalb des Bildes liegende Bedeutung wird im Emblem festgehalten und aufs Eindeutige beschränkt.[2]

»Das emblematische Verfahren gründet sich auf die Vorstellung, daß die Welt in all ihren Erscheinungen von heimlichen Verweisen und verborgenen Bedeutungen, von verdeckten, also entdeckungsfähigen Sinnbezügen erfüllt sei. Das weist auf einen Zusammenhang der Emblematik mit dem Symboldenken des Mittelalters, dessen Herbarien und Bestiarien den Emblembüchern eine Fülle von Motiven geliefert haben.«[3]

Die hieroglyphisch-esoterische Emblemkunst läßt die gelehrten Humanistenzirkel rasch hinter sich und greift auf die gebildeten Stände aus. Sie entwickelt die Funktion eines moralisierend-didaktischen Volksbilderbuches, das Überschaubarkeit verspricht in Zeiten, wo der Überblick verloren zu gehen droht.

Eine andere Deutung der Embleme stammt von Ludovici Caelii Rhodigini. Er schreibt 1517:

»Wenn aber dem wilden Ölbaum ein kultivierter aufgepfropft werden soll, dann entsteht, was man „Cotinades" nennt. Wozu beiläufig wissenswert sein mag, daß alle zivilisierten Sachen, die wilden eingesetzt werden, Emblemata heißen.«[4]

Emblem wird hier begriffen als Element der Kultur, das die wilde Natur der Welt ausgrenzt oder zu deren Veredelung in sie eingesetzt werden kann.

QUOD LATET, ID PRÆSTAT. 1.
XL.

AL wat iemant in de roos
Voor ſijn ooge-luſt verkoos,
Aerdig wit of purper-root,
Dat is in der haeſten doot,
Dat is in der haeſt gedaen,
Dat is in der haeſt gegaen;
Maer de reuck, haer beſte deugt,
Die behout haer eerſte jeugt;
Want al ligt de teere bloem
Sonder eere, ſonder roem,
Siet! de geur, die binnen lag,
Is nu beter alſſe plag.
Al wat ſchoon of aerdig hiet,
Wat men aen het ooge biet,
Dat vergaet in korten ſtont;
Want 't en heeft geen vaſten gront:
Maer een ſtil een ſacht gemoet,
En het vorder innig goet,
Dat is 't gunt ſijn weſen hout,
Schoon al wort het lichaem out,
Schoon het nietig vleys bederft,
En het weelig bloet verſterft.
Ghy dan, ſoeckje waere vreugt,
Soeckt alleen de ware deugt,
Soeckt alleen dat binnen ſchuylt,
Niet dat uyt de leden puylt;
Want al wat het ooge ſiet,
Is in haeſt maer enkel niet.

Amor mit Rosen und altem Paar im Hintergrund »Quod latet, id praestat« – Innere Werte, Kupferstich von Cats, 1700

1 Arthur Henkel und Albrecht Schöne: *Emblemata,* Stuttgart, 1978, Seite XII
2 ebenda, Seite XIII
3 ebenda, Seite XV
4 Andreas Haus: *Die Entstehung des Emblems als »Angewandte« Kunstgattung. Emblem: Ort des Sinns im großen Chaos,* in Sinnbild-Bildsinn, Ausstellungskatalog Trierer Bibliotheken Nr. 22, Trier, 1991, Seite 33

FARBEN

REINWEISS
Boule de Neige · Baronne de Maynard
Coquette des Blanches · Perle des Blanches · Louise
Darzens · Virginal (Mme Liabaud)
Mabel Morrison · Madame Hermann Stenger
Madame Noman · Perfection des Blanches
Madame Francois Pittet

NUANCIERT WEISS ZART FLEISCHFARBIG
Souvenir de la Malmaison · Captain Christy
Impératrice Eugénie · Mademoiselle Bonnaire
Elisa Boelle · Madame Alfred de Rougemont
Thyra Hammerich · Comtesse de Barbantanne
Madame Lacharme Marie Boisée

HELLROSA
(Madame la) Baronne (Adolphe) de Rothschild
(Mademoiselle) Eugénie Verdier
La France · (Madame) Marie Finger
Auguste Mie (Madame Rival)
Duchesse de Vallombrosa · Comtesse de Serenyi

LEUCHTEND UND DUNKELROSA
John Hopper · Comtesse Cécile de Chabrillant
Paul Neyron Victor Verdier
Madame Furtado · Anna de Diesbach
Louise Odier (Mme. de Stella)
(Souvenier de la) Reine d'Angleterre
Hippolyte Jamain · Magna Charta
Marquise de Castellane (Rose de) la Reine
Francois Michelon · Jules Margottin
(Reine du Midi, [Madame] Alice Dureau)
Catherine Guillot (Michel Bonnet)

KARMINROT
(Mademoiselle) Marie Baumann
Madame Victor Verdier · Alfred Colomb
Etienne Levet · Charles Margottin
Comtesse d'Oxford · Edouard Morren
Camille Bernardin
(Mademoiselle) Annie Wood
Dr. Andry Beauty of Walthamar

SCHARLACH UND ZINNOBERROTH
Fisher (and) Holmes · Maurice Bernardin
[(L') Exposition de Brie (Compte Robert)
Ferdinand de Lesseps · Sir Garnet Wolseley]
Souvenir de Spa · Duke of Wellington
Général Jaqueminot · Prince de Porcia
Lord Raglan · Duc d'Harcourt · (Monsieur) E.Y.
Teas Souvenir d'Adolphe Thiers · Duke of Edinburgh

PURPUR UND KARMOISINROTH
Louis van Houtte (van Houtte) · Sénateur Vaisse
Eugène Appert Charles Lefèbvre (Marg. Brassac,
Paul Jamain) · Alfred de Rougemont · Abel Carriére
Horace Vernet · Star of Waltham · Duc Decazes
Géant des Batailles Louis XVI · (Mademoiselle)
Eugénie Wilhelm · Abeé Bramerel

SCHWÄRZLICH ODER BRÄUNLICHROTH
Prince Camille de Rohan (La Rosiére) · Souvenir de
William Wood · Empereur du Maroc · Monsieur
Boncenne (Baron [de] Bonstetten) · Xavier Olibo
Jean Liabaud · Eugen Fürst · Deuil du Prince Albert
Éveque de Luxembourg · Reynolds Hole · Sultan of
Zanzibar · Cardinal Patrizzi · Doctor Hooker
Souvenir d'Auguste Rivière · Empress of India
Sénateur Favre (Rose de Puebla, Francois Fontaine)

VIOLETT
Pierre Notting · Reine des Violetts · Glorie de Ducher
Souvenir du Dr. Jamain · Jean Cherpin · Jean Soupert
Eugène Verdier · Prince Humbert · André Leroy
(d'Angers) · Jean-Baptiste Guillot · Souvenir de
l'Exposition de Darmstadt · Triomphe de Toulouse
Claude Million · Souvenir de Louis van Houtte

GESTREIFT
Panachée d'Orléans · Panachée de Luxembourg
Perle des Panachées (Village Maid) · Panachée
Langroise Commandant Beaurepaire (Panachée
d'Angers) · Belle des Jardins · Madame Campbell
d'Islay Alcindor · Marguerite Lecureux · Madame
Désiré (Désirée) Giraud · Georges Vibert

Friedrich Schneider, Rangliste der Edelsten Rosen, Rosenjahrbuch, 1883

Film

Zu Beginn der fünfziger Jahre drehen August Ewald und Thomas Heye aus Rockenberg einen Film über den Rosenanbau und das Rosenfest in Steinfurth. August Ewald hat sich bereits als »Hoffotograf« des Steinfurther Rosenfestes, das 1949 zum ersten Mal nach dem 2. Weltkrieg wieder gefeiert wird, einen Namen gemacht. Gegen eine Spende an die Wohnungsbaugesellschaft bekommt er die Fotorechte an Steinfurther Veranstaltungen von der Gemeinde zugesprochen. Mit einem mobilen Labor ist der Fotograf während des Festes ständig präsent: Die am Tag aufgenommenen Filme werden in der Nacht entwickelt und vergrößert und am nächsten Tag verkauft.

Drei Leica-Kameras sind Voraussetzung für erfolgreiche Motivsuche, da zum Filmwechsel – vor allem während des Rosenfestzuges – keine Zeit bleibt.

Zum Rosenfest 1952 ist Uraufführung: August Ewald hat den im Vorjahr im 16-mm-Format gedrehten Schwarzweiß-Film »Wunder der Rose« fertiggestellt und zeigt ihn im »Darmstädter Hof« in Steinfurth. Die Begeisterung ist groß unter den Dorfbewohnern, hält ihnen die Story des Films doch einen Spiegel ihres dörflichen Lebens vor. Eine Schulklasse, die mit ihrem Lehrer nach Steinfurth wandert, steht im Mittelpunkt der Handlung. Hier lernen die Kinder den Rosenanbau kennen. Natürlich sind die Akteure alle echte Steinfurther. Die Regionalpresse ist voll des Lobes für die filmische Initiative des Rokkenbergers, lediglich der auf einem Drahttonband der Firma Schaub parallel zum Film abgespielte Ton gibt Anlaß zur Kritik. Trotzdem kann sich die Gemeinde nicht zum Ankauf des Films entschließen. Der Produzent und Regisseur ist enttäuscht, hat er doch schon eine vierstellige Summe investiert. So verschwindet der Film zunächst in der Schublade, bis er 1987 vom Rosenmuseum Steinfurth angekauft wird. Inzwischen ist die Spule mit dem Drahtton verlorengegangen.

Zur Museumseröffnung 1990 wird der Film deshalb in neuer Vertonung im Rahmen der Dauerausstellung »Der Rosenanbau« zum Exponat. Vier Zeitzeugen, die die Zeit nach dem 2. Weltkrieg noch in guter Erinnerung haben, kommentieren die Bilder des Films.

Nach dem Ankauf des Films durch das Museum entschließt sich August Ewald, seine Kleinbildnegative mit Motiven des Steinfurther Rosenfestes dem Rosenmuseum zu stiften. Neben der Festdokumentation seit 1949 enthalten die Filmstreifen zahlreiche Beispiele aus dem Alltag der Steinfurther in der Nachkriegszeit: Paßfotos, Fasching, Kneipe, häusliche Szenen, Konfirmationen, Einschulung, Heirat, Kerb und Hausschlachtung.

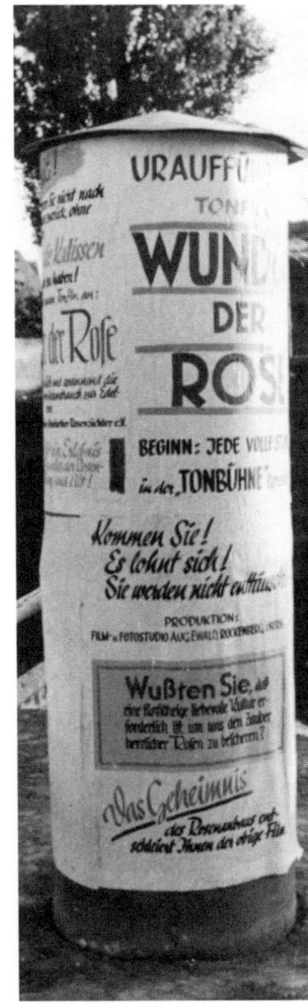

Reklame-Litfaßsäule zur Uraufführung des Films »Wunder der Rose«, Foto, 1952

Dreharbeiten »Wunder der Rose«, Foto, 1951

Geruch: Vom Therapeutikum zum Aphrodisiakum

Der Geruchssinn, einer der fünf Sinne des Menschen, ist wichtig für das Auffinden von Nahrung und des Geschlechtspartners. Gerüche vereinigen zur Natur gehörende therapeutische Eigenschaften mit zur sozialen Welt gehörenden, erotisch stimulierenden.

Nicht nur mit der Nase, sondern mit dem ganzen Körper werden die Geruchsempfindungen wahrgenommen. Beim Riechen dringt der Duft des ätherischen Öles über die Nase direkt in unser Gehirn. Dort ist der Geruchssinn mit dem Gefühlszentrum verbunden. Machtlos sind wir den durch Düfte ausgelösten Gefühlen ausgeliefert, was sich Aromatherapeuten und Parfümeure zunutze machen.

Rosenduft wird von den Menschen als angenehm und belebend empfunden. Schon früh wurde versucht, diesen Duft in der Nähe verfügbar zu haben: durch das Wohnen im Schutz wilder Rosenhecken, die Anlage heiliger Haine und das Aufbewahren von trockenen Blütenblättern. Der Mensch macht sich beim Rosenduft den Ausnahmezustand Blüte der Natur zunutze, er steigert die eigene erotische Ausstrahlung mit dem verführerischen Duft, den die Pflanze zur Anlockung der Insekten angelegt hat.

Ob die Blütendüfte mehr dazu dienen, den menschlichen Sexualgeruch zu verstärken oder zu überdecken – festzustehen scheint, daß es immer Frauen waren, in deren Händen die Aufbereitung der Düfte lag und die darauf bedacht waren, den Vorrat an Duftstoffen zu vermehren.[1]

Gedicht von Mirza-Schaffy, Holzschnitt aus Illustrierter Zeitung, 19. Jahrhundert

Schenkt man den Duftforschern Glauben, so hat unser Geruchssinn erst in der neuesten Zeit an Bedeutung verloren. Albert Hagen führt zahlreiche Belege dafür an, daß einige Rituale aus den parfümwütigsten Zeiten wie der römischen Kaiserzeit – die wiederum Ägyptisches aufgriff – lange überdauerten.[2]

»Zur Vorbereitung des Liebesaktes liessen sich die römischen Liebenden den ganzen Körper mit wohlriechenden Salben und Oelen einreiben, nachdem sie sich mit parfümiertem Wasser gewaschen hatten; der Weihrauch stieg im Liebesgemach empor wie bei einem Opfer; das Bett war von Blumenguirlanden umgeben und mit Rosen bestreut. Es wurde wie die übrigen Möbel mit Narden und Cinnamomum besprengt. Der Liebesakt wurde durch häufige Waschungen mit parfümierten Essenzen unterbrochen.«[3]

Für das Mittelalter ist aus dem Parcival überliefert:

»... in Muscheln, Büchsen, Töpfchen
Und serpentinenen Näpfchen
Die kostbarsten Aromata.
Es streuten Ambra und Theriak
Ihre Düfte; auf dem Boden lag
Cardemon, Zeriffel und Muskat
Dass man mit Füßen darauf trat,
Wodurch ihr Wohlgeruch sich mehrt.«

Nach der Renaissance, der Wiedergeburt des Altertums und seiner Düfte, erreicht im 18. Jahrhundert die sinnliche Wertschätzung von Duft bei uns ihren Höhepunkt. Die Verwendung von Duftstoffen als Abwehrmittel gegen epidemische Seuchen tritt in den Hintergrund. Eine Flut von Essenzen und Duftwässerchen – vornehmlich aus Frühlingsblumen gewonnen – sind der Beginn eines neuen Körpergefühls und Körperhygiene.

Der Rosenduft hat seinen festen Platz gefunden, ob er aus dem Parfümbrunnen sprudelt, ob Räucherkerzen angefertigt werden oder Handschuhe parfümiert werden. Bad, Bett, Kleidung, Zimmer werden beduftet. Die Schränke sind wohlgefüllt mit in mühevoller Arbeit hergestellten leinenen Säckchen und duftender Baumwolle.[4]

Das Rosenwasser als Aphrodisiakum findet seinen festen Platz. In der erotischen Literatur werden Damen mit Rosenwasser beträufelt, erfrischt und gewaschen.[5]

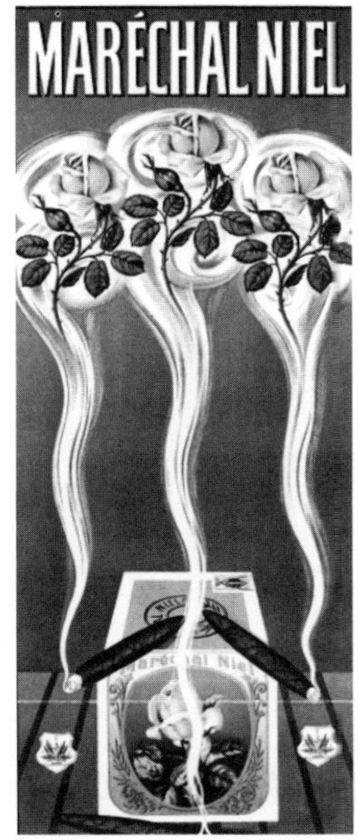

»L'agréable Parfumeuse«, kolorierte Lithografie von Ch. Philipon, Paris, um 1830

»Maréchal Niel« Zigarrenreklame, farbig gedrucktes Plakat, um 1920

1 Edmund Launert: *Parfüm und Flakons,* München, 1985
2 Albert Hagen: *Die sexuelle Osphresiologie,* Berlin-Charlottenburg, 1901
3 Albert Hagen, ebenda
4 Johann Georg Krünitz's *Encyklopädie,* Stichwort Parfüm, Berlin, 1819
5 Reiner Diekhoff: *Von unzumutbarem Gestank …,* in: Oh ! de Cologne, Köln, 1985

Glückwünsche

Anschauliche Zeugnisse des Freundschafts- und Familienkultes der Biedermeierzeit sind als »Denkmäler der Liebe und Freundschaft« die Stammbücher, in die man sich gegenseitig hineinschreibt und malt, häufig auch kleine Scherenschnitte einklebt. Zu dieser Bilder- und Gedankenwelt gehören auch die Glückwunschkarten. Besonders beliebtes Motiv ist die Rose, die, mit architektonischen Elementen wie Tempeln, Pyramiden, Säulenstümpfen und Altären verbunden, auf Karten gedruckt wird. Häufig verbergen die Karten noch Überraschungen; sobald man einen Zieh- oder Klappmechanismus betätigt, erscheint zum Beispiel hinter einem Rosenbusch ein geflügelter Amor oder eine Venus. Der Freundschaftskult beschränkt sich nicht aufs Papier, junge Damen sticken und stricken auch Blumen für Tabakbeutel, Brieftaschen und Uhrkissen. Hinter jedem Blumenarrangement, sei es gemalt, gedruckt, gestrickt oder gestickt, verbirgt sich eine für den Empfänger bestimmte Botschaft. (→ Blumensprache)

1873 ist schon eine richtige Papierindustrie entstanden. Im Bericht der Weltausstellung in Wien von 1873 heißt es:

»Nicht zufrieden mit der Rolle, die die nüchterne Geschäft- und Utilitätsindustrie ihm angewiesen, überschreitet das Papier die Grenzen des Alltäglichen, und betritt das Reich des Luxus und der Phantasie in Gestalt von Blumen und Blättern, von reich verzierten Liebesbriefen, Karten, Bonbonnieren und Cartons, präsentiert sich als glänzende Etiquette, als Orden, als Lichtmanschette, als Fächer und Bouquethalter, als Tellerpapier und Serviette, und Tausende von Menschenhänden sind heute in allen civilisierten Ländern damit beschäftigt, die prachtvollsten Blumen und Knospen aus Papier hervorzuzaubern, die an Schmelz und Farbe die natürlichen fast übertreffen, um Spitzen und Fransen, um Silber- und Goldborden, um Glanz- und Lackpapiere, kurz, um die zahlreichen Luxusartikel aus Papier zu erzeugen, die einer Menge von gewöhnlichen Dingen, zur Zierde dienen und die das Auge des Beschauers erfreuen.«[1] (→ Kunstblume)

Zigarrenetui, Leder mit Perlenstickerei, Ende 19. Jahrhundert

Freundschaftskarte mit Ziehmechanismus, kolorierte Lithografie, um 1830

Freundschaftskarte zum Klappen, kolorierte Lithografie, 1. Hälfte 19. Jahrhundert

Freundschaftskarte mit beweglichen Blumen, Farblithografie, 1. Hälfte 19. Jahrhundert

Besonders beliebtes Einzelmotiv bleibt über viele Jahre die Blume als Kranz oder Umrahmung von Mädchenköpfen, deren Vorläufer die Blumenheiligen auf den barocken Andachtsbildchen sind. Die zahlreichen vermenschlichten Blumen dieser Zeit gehen auf Grandvilles »Beseelte Blumen« um die Mitte des 19. Jahrhunderts zurück. (→ GRANDVILLE)

Zur Funktion dieser Bildkarten schreibt Christa Pieske: »Die erwarteten Tugenden wie Sparsamkeit, Fleiß, Mildtätigkeit, Gottesfurcht, Fürsorglichkeit wurden in Wort und Bild vorgestellt. Über die verdammenswerten Laster sprach man nicht, sie kamen im Luxuspapier nicht vor, und wenn, dann nur durch das Spektrum von Humor und Witz gefiltert. So ist auch die Bildauswahl geprägt: Das Genre herrscht vor, ein trautes Miteinander von Kindern, Tieren, Familien, Liebenden, alles harmlos und beglückend, strahlend vor Harmonie und Zufriedenheit.«[2]

Das Rosenmuseum Steinfurth besitzt eine Sammlung von Glückwunschkarten, Postkarten, Glanzbildchen, Poesiealben und Luxuspapieren.

1 Ausstellungsbericht der Weltausstellung 1873 in Wien. in: Christa Pieske: *Das ABC des Luxuspapiers,* Berlin, 1983, Seite 10

2 Christa Pieske, ebenda, Seite 33

»Durchgewachsene Rose«, Aquarell von Goethe 1788/89, Goethe-Nationalmuseum, Weimar

»Goethe der Rosenfreund«, Lithografie von Karl Bauer, Gedenkstätten der klassischen deutschen Literatur, Weimar

Goethe im Rosenmantel

Seine gärtnerische Liebhaberei wird rasch durch ernsthafte naturwissenschaftliche Studien abgelöst, nachdem Goethe einige Jahre Gartenerfahrungen in seinem Garten gesammelt hat. Er will tiefer eindringen in die Welt der Pflanzen. Goethe setzt sich ab von Linné, der in einem einheitlichen System jeder Pflanze einen Platz anweist, ihn interessiert das Verbindende, was allen Pflanzen gemeinsam ist. Er erarbeitet sich eine neue Sicht der Pflanzen, von denen er sagt: »Vorwärts und rückwärts ist die Pflanze immer nur Blatt.« An lebenden Beispielen demonstriert Goethe die Metamorphose der Pflanzen, wie alles aus dem Blatt entspringt. Rosen sind Goethes Studienobjekte und erklärte Lieblingsblumen. Er schreibt: »Dagegen gibt es charakterlose Geschlechter, denen man vielleicht kaum Spezies zuschreiben darf, da sie sich in grenzenlose Varietäten verlieren. Behandelt man diese mit wissenschaftlichem Ernst, so wird man nie fertig, ja man verwirrt sich vielmehr an ihnen, da sie jeder Bestimmung, jedem Grundsatz entschlüpfen. Diese Geschlechter hab ich mich manchmal die Lüderlichen zu nennen mich erkühnt und die Rose mit diesem Epithet zu belegen gewagt, wodurch ihr freilich die Anmut nicht verkümmert werden kann; besonders möchte Rosa canina sich diesen Vorwurf zuziehen.«[1]

Die »lüderlichen« und gleichzeitig vollkommenen Blumenwesen begleiten den Dichter und Naturfreund durch sein ganzes Leben. Die rote Rose schätzt er am meisten. »Sein Gartenhaus am Stern war eingehüllt in einen dichten Rosenmantel, an dem im Sommer die dunkelroten Blüten der Tapenrose (Rosa turbinata, jetzt wieder wie früher Rosa francfurtana = Rosa cinnamonnea x Rosa gallica genannt) in schweren Kränzen glühten.... Von der Zentifolie, die wegen der Schönheit und des Duftes ihrer Blumen damals besonders beliebt war, schmückten zahlreiche Exemplare den Garten. Neben ihnen standen Damaszenerrosen, Samtrosen, Rostrosen, Zimtrosen, Provencerrosen und andere Rosensorten jener Zeit in ausgesuchten Stöcken und Spielarten«.[2]

Aus Justin Bertuchs Rosenbeeten, dem anderen bekannten Weimarer Rosenliebhaber und Verleger, wechselte manch schöner Rosenstock in den Garten am Frauenplan zu Goethe.

Durch Bertuch sind uns die »Weimarer Rosen« erhalten geblieben, denn im »Bilderbuch für Kinder«, das zu Beginn des 19. Jahrhunderts bei ihm erscheint, sind zahlreiche Kupferstiche der zeitgenössischen Rosen überliefert.

Bertuch ist für Goethe nicht nur als Tauschpartner von Rosenstöcken interessant. Seine Arbeit als Herausgeber von literarischen Magazinen, vom »Journal des Luxus und der Moden« und vom »Gartenmagazin«, lassen ihn als bedeutenden Verleger seiner Zeit hervortreten. Er ist darüber hinaus ein so weitblickender Geschäftsmann, daß er beginnt, Waren, die in seinen Magazinen angeboten werden, herzustellen und zu versenden. So nennt man die große Nähstube in der Mansarde seines Wohnhauses »Bertuchs Blumenfabrik«. Hier stellen zwei Dutzend Weimarer Bürgertöchter künstliche Blumen für die modische Damengarderobe, die im »Journal des Luxus und der Moden« präsentiert wird, her. Unter ihnen Christiane Vulpius, Goethes spätere Frau.

»Rosen hatten für Goethe stets eine besondere Bedeutung; sie waren häufig Objekte seines Dichtens, vom Heidenröslein bis zum Symbolbild des rosenstreuenden Engels am Ende des „Faust II". Mag Mephistopheles auch dort seine Satane anfeuern: „Laßt sie streuen ... sie denken wohl mit ihren Blümeleien / die heißen Teufel einzuschneien", so müssen die wartenden Seelenfänger, Mephistos dienstbare Höllengeister, doch den „Balsam versendenden Rosen" weichen. Die Liebe siegt über Hölle und Haß. So offenbart sich auch hier, im Abschluß seines bedeutenden Werkes – wie eine Krönung – im allegorischen Bild der selbst Höllenmächte besiegenden Rosen, der Gärtner, der Blumenliebhaber, der Naturfreund Goethe.«[3]

1 Johann Wolfgang Goethe: *Naturwissenschaftliche Schriften*, Hamburger Ausgabe, Hamburg, 1975, Seite 36
2 Georg Balzer: *Goethe als Gartenfreund*, München 1977, Seite 71
3 Walter Weisbecker: *Der grüne Goethe*, in: FAZ 2.8.1986

Grandvilles »Beseelte Blumen«

Grandville, eigentlich Jean-Ignace Isidore Gérard (1803–1847), ist Mitarbeiter an sämtlichen wichtigen satirischen Journalen seiner Zeit. Er gilt in der Blütezeit der politischen sozialkritischen Karikatur in Frankreich als schärfster Beobachter neben Daumier. Grandville entwickelt ein neues Genre der Tier- und Pflanzenzeichnung: Tiere in der Rolle der Menschen und Menschen in der Rolle von Tieren. Die »Beseelten Blumen« erscheinen im Todesjahr des Künstlers 1847. Er ist auf dem Höhepunkt seines Erfolges, und nicht nur bei der Damenwelt hat das Buch Erfolg. Karl Krolow schreibt über die Suggestivität und das insgeheim Abstoßende, das von diesen vermenschlichten Blumen ausgeht: »Die Blumenwesen werden wie von unsichtbarer Hand über eine intime und phantastische Bühne gezogen. Sie tauchen sogleich überscharf auf, präsentieren sich in Sanftheit und zuweilen schrill, und haben so ihren verschiedenartigen Auftritt, um wieder im Ensemble zu verschwinden. Es ist der blumenhafte Wahn des Kommens und Gehens, des Vergehens, der hier fixiert wird. Das Übertriebene sucht Halt in der einzelnen Fixierung. Das Sonderbare ordnet sich so ein und unter in die gemeinsame beseelte Landschaft.«[1]

»Rose« – Rosa centifolia, kolorierter Stahlstich von Grandville, 1867

Der blumenhafte Wahn, die blumenhafte Tapisserie, sie sind ein einziger Betrug: »Das Trügerische versteckt sich so als schöne dekorative Blumensucht. Jenseits des Verstecks beginnt der Wahn, dem Grandville dreiundvierzigjährig nach wahnhaft geschwinder Arbeit erlag.«[2]

Zwei Rosen charakterisiert Grandville in seinem Band: die »Rosa centifolia« und die »Eglantine«, die Heckenrose. Der »Hundertblättrigen« zu Füßen liegende Männer werden als unbewegliche, fette schwarze Käfer dargestellt, die in der Höhe des Rocksaumes Kratzfüße für die weit über ihnen thronende Königin machen. In ihrer Erscheinung ist die Rose allerliebst, gleichzeitig vollkommen unnahbar. Den Rocksaum, von dornigen Rosenpeitschen gehalten, werden die Käfer wohl kaum überwinden. Das Armband der Rose aus Rosendornen erinnert an einen Schlagring aus Zeiten, in denen man sich in eisernen Rüstungen zum Kampf gegenübertrat. Die Wildrose wird im beigegebenen Text der Originalausgabe zur Personifikation der blaustrümpfigen Dichterin, die, statt Haushalt und Kinder zu betreuen, lieber schreibt; sie, die auf den ersten Blick Anmut ausstrahlt, ist in Wirklichkeit mit Dornenranken an den Handgelenken gefesselt. Erst der Blick auf »Das Fest der

»Eglantine« – Heckenrose, kolorierter Stahlstich von Grandville, 1867

»Rose und Nachtfalter«, Stahlstich von Grandville, 1. Hälfte 19. Jahrhundert

»Das Fest der Blumen«, kolorierter Stahlstich von Grandville, 1. Hälfte 19. Jahrhundert

Blumen« zeigt, was Grandville unter den Rosenknospen, den lieblichen Blütenblättern und dem zarten Laub verbirgt: einen garstigen Dornenstock.

Walter Benjamin bezeichnet 1928 dieses Verfahren als graphischen Sadismus: »... das so unsachliche und doch so geniale Verfahren, kraft dessen der ebenso geschätzte wie unverstandene Grandville in seinen „Fleurs animées" den ganzen Kosmos aus dem Pflanzenreiche hervorgehen ließ. Er greift es vom entgegengesetzten Ende – weiß Gott nicht zart – an. Er stempelt diesen reinen Naturkindern das Sträflingsbrandmal der Kreatur, das Menschengesicht, mitten in die Blüte hinein. Dieser große Vorläufer der Reklame beherrschte eines ihrer Grundprinzipien, den graphischen Sadismus, wie kaum ein anderer.«[3]

1 Karl Krolow: *Nachwort*, in: Grandville, *Die beseelten Blumen*, Frankfurt, 1978, Seite 160
2 Karl Krolow, ebenda, Seite 162
3 Grandville: *Das gesamte Werk*, München, 1970, Seite 1618

Heidenröslein

Vermutlich im Sommer 1771 hat Goethe aus dem Volkslied »Röslein auf der Heiden« den Refrain und einige Wendungen übernommen und in sein »Heidenröslein«-Gedicht eingearbeitet. Goethe lernte das Lied durch Herder kennen, der die Liedersammlung von Paul von der Aelst »Blumm und Außbund Allerhandt Außerlesener Weltlicher, Züchtiger Lieder und Rheymen«, das 1602 in Deventer erschien, besaß. In dieser Liedersammlung ist das Volkslied vom »Röslein auf der Heiden« enthalten. Goethe selbst hat keine Vorstufen oder Zeugnisse der Entstehung des Gedichtes überliefert.[1]

In der Sammlung »Volkstümliche Lieder der Deutschen im 18. und 19. Jahrhundert«, herausgegeben von Franz Magnus Böhme, erscheint Herders ältere Fassung des »Röschen auf der Haide« und Goethes »Heidenröslein«.[2]

Röslein auf der Heiden

1
Sie gleicht wol einem rosenstock,
drum gliebt sie mir im herzen;
Sie tregt auch einen roten rock,
kan züchtig, freundliche scherzen,
Sie blüet wie ein röselein,
die bäcklein wie das mündelein;
liebstu mich, so lieb ich dich,
röslein auf der heiden!

2
Der die röslein wird brechen ab,
röslein auf der heiden,
Das wird tun ein junger knab
züchtig, fein bescheiden,
So sten die steglein auch allein,
der lieb gott weiß wol, wen ich mein:
sie ist so grecht von gutem gschlecht,
von eren hochgeboren.

3
Wann mich das mägdlein nit mer will,
röslein auf der heiden,
So will ich weichen in der still
und mich von ir tun scheiden,
So will ich sie auch faren lan
und will ein anders nemen an,
ein schöns, ein jungs, ein reichs, ein frums,
röslein auf der heiden.

4
Das röslein das mir werden muß,
röslein auf der heiden,
Das hat mir treten auf den fuß
und gschach mir doch nicht leide.
Die gliebet mir im herzen wol,
in eren ich sie lieben sol,
beschert gott glück, gets nicht zurück,
röslein auf der heiden.

5
Behüt dich gott, mein herzigs herz,
röslein auf der heiden!
Es ist fürwar mit mir kein scherz,
ich kan nicht langer beiten,
Du komst mir nicht aus meinem sinn
dieweil ich hab das leben inn;
gedenk an mich, wie ich an dich,
röslein auf der heiden!

6
Beut mir her deinen roten mund
röslein auf der heiden!
Ein kuß gib mir aus herzengrund,
so stet mein herz in freuden!
Behüt dich gott zu ieder Zeit,
all stund und wie es sich begeit;
küß du mich, so küß ich dich,
röslein auf der heiden!

7
Wer ist der uns diß liedlein mach
röslein auf der heiden?
Das hat getan ein junger hacht
als er von ir wolt scheiden;
Zu tausend hundert guter nacht
hat er das liedlein wol gemacht;
behüt sie gott on allen spott,
röslein auf der heiden!«[3]

Heidenröslein, Lithografie von Wilhelm von Kaulbach, 19. Jahrhundert

links: ältere Fassung bei Herder, 1773, rechts: spätere Fassung in Goethes Werken

Röschen auf der Haide

1
Es sah ein Knab ein Röslein stehn,
Röslein auf der Haiden,
Sah, es war so frisch und schön,
Und blieb stehn, es anzusehn,
Und stand in süßen Freuden.
Röslein, Röslein, Röslein roth,
Röslein auf der Haiden.

2
Der Knabe sprach: »Ich breche dich,
Röslein auf der Haiden!«
Röslein sprach: »Ich steche dich,
Daß du ewig denkst an mich,
Daß ichs nicht will leiden.«
Röslein, Röslein, Röslein roth,
Röslein auf der Haiden.

3
Doch der wilde Knabe brach
Das Röslein auf der Haiden;
Röslein wehrte sich und stach,
Aber es vergaß darnach
Beim Genuß das Leiden.
Röslein, Röslein, Röslein roth,
Röslein auf der Haiden.

Heidenröslein

1
Sah ein Knab' ein Röslein stehn,
Röslein auf der Heiden,
War so jung und morgenschön,
Lief er schnell es nah zu sehn,
Sah's mit vielen Freuden.
Röslein, Röslein, Röslein roth,
Röslein auf der Heiden.

2
Knabe sprach: Ich breche dich
Röslein auf der Heiden!
Röslein sprach: Ich steche dich,
Daß du ewig denkst an mich,
Und ich will's nicht leiden.
Röslein, Röslein, Röslein roth,
Röslein auf der Heiden.

3
Und der wilde Knabe brach
's Röslein auf der Heiden;
Röslein wehrte sich und stach,
Half ihr (ihm) doch kein Weh und Ach,
Mußt es eben leiden.
Röslein, Röslein, Röslein roth,
Röslein auf der Heiden.

Bei Franz Magnus Böhme heißt es dazu: »Goethe's Heidenröslein und das ihm zum Vorbild dienende alte Volkslied sind allegorische Gedichte. Beide behandeln unter dem Bilde eines Rösleins das Geschick eines jungen Mädchens, das einem von leidenschaftlicher Liebe entbrannten Jünglinge, trotz versuchter Gegenwehr, sich ergeben muß. Denn daß von Rosenbrechen im wörtlichen Sinne nicht die Rede ist, folgt unwiderleglich aus Zeile 18, wo Goethe, das Bild der alten Ausgabe verlassend, schreibt: „Half ihr doch kein Weh und Ach". Erst später (1825) verwandelte er das Wort ihr in ihm, was sprachlich richtiger ist, aber beide Ausdrücke beziehen sich doch aufs Röslein, nicht auf den Knaben. Weniger verhüllt ist der Schluß der älteren Fassung. Auch hier wehrt sich das Röschen (= Mädchen) gegen die ungestüme Liebeswerbung des Knaben; aber als ihr Widerstand gebrochen, als sie nach allem Sträuben sich hat ergeben müssen, so vergißt sie ihr Leiden im Vollgenuß sinnlicher Lust.«[4]

Nicht nur in Deutschland, sondern auch in Japan hat dieses Heidenröslein-Lied eine Geschichte. Der japanische Professor Hachiro Sakanishi, der 1987 seine 26 Jahre währende Forschungsarbeit zu »Goethes Heidenröslein-Text und Vertonungen« mit der Herausgabe eines zweibändigen Werkes abschloß, berichtet:

»Viele Japaner haben Goethes „Heidenröslein" gelesen – auf Deutsch. Das Lied kann heute noch von jedem Japaner fast auswendig gesungen werden, es ist stark mit dem musikalischen Leben in Japan verbunden, seit die europäische Musik in Japan eingeführt wurde.«

Im September 1993 hat ein Konzert mit den 86 von Professor Sakanishi nachgewiesenen musikalischen Variationen des berühmten Liedes in Bad Nauheim stattgefunden.[5]

1 Johann Wolfgang Goethe: *Gesammelte Werke*, Hamburger Ausgabe, Hamburg, 1975
2 *Volkstümliche Lieder der Deutschen im 18. und 19. Jahrhundert*, Hrsg. Franz Magnus Böhme, Leipzig, 1895
3 Liederbuch von Paul von der Aelst: *Blumm und Außbund Allerhandt Außerlesener Weltlicher, Züchtiger Lieder und Rheymen*, Deventer, 1602
4 Franz Magnus Böhme, ebenda
5 Hermann Rau: *Goethes Heidenröslein*, Programmheft anläßlich der Aufführung von 86 musikalischen Variationen von Goethes *»Heidenröslein«*, Heilbronn, 1990

Hyazinth und Rosenblütchen

Vor langen Zeiten lebte weit gegen Abend ein blutjunger Mensch. Er war sehr gut, aber auch über die Maßen wunderlich. Er grämte sich unaufhörlich um nichts und wieder nichts, ging immer still für sich hin, setzte sich einsam, wenn die anderen spielten und fröhlich waren, und hing seltsamen Dingen nach. Höhlen und Wälder waren sein liebster Aufenthalt, und dann sprach er immerfort mit Tieren und Vögeln, mit Bäumen und Felsen, natürlich kein vernünftiges Wort, lauter närrisches Zeug zum Totlachen. Er blieb aber immer mürrisch und ernsthaft, ungeachtet sich das Eichhörnchen, die Meerkatze, der Papagei und der Gimpel alle Mühe gaben, ihn zu zerstreuen und ihn auf den richtigen Weg zu weisen. Die Gans erzählte Märchen, der Bach klimperte eine Ballade dazwischen, ein großer, dicker Stein machte lächerliche Bocksprünge, die Rose schlich sich freundlich hinter ihm herum, kroch durch seine Locken, und der Efeu streichelte ihm die sorgenvolle Stirn. Allein der Mißmut und Ernst waren hartnäckig. Seine Eltern waren sehr betrübt, sie wußten nicht, was sie anfangen sollten. Er war gesund und aß, nie hatten sie ihn beleidigt, er war auch bis vor wenigen Jahren fröhlich und lustig gewesen wie keiner; bei allen Spielen voran, von allen Mädchen gern gesehn. Er war recht bildschön, sah aus wie gemalt, tanzte wie ein Schatz. Unter den Mädchen war eine, ein köstliches, bildschönes Kind, sah aus wie Wachs, Haare wie goldne Seide, kirschrote Lippen, wie ein Püppchen gewachsen, brandrabenschwarze Augen. Wer sie sah, hätte mögen vergehn, so lieblich war sie. Damals war Rosenblüte, so hieß sie, dem bildschönen Hyazinth, so hieß er, von Herzen gut, und er hatte sie lieb zum Sterben. Die andern Kinder wußten's nicht. Ein Veilchen hatte es ihnen zuerst gesagt, die Hauskätzchen hatten es wohl gemerkt, die Häuser ihrer Eltern lagen nahe beisammen. Wenn nun Hyazinth die Nacht an seinem Fenster stand und Rosenblüte an ihrem und die Kätzchen auf den Mäusefang da vorbeiliefen, da sahen sie die beiden stehn und lachten und kicherten oft so laut, daß sie es hörten und böse wurden.

Das Veilchen hatte es der Erdbeere im Vertrauen gesagt, die sagte es ihrer Freundin, der Stachelbeere, die ließ nun das Sticheln nicht, wenn Hyazinth gegangen kam; so erfuhr's denn bald der ganze Garten und der Wald, und wenn Hyazinth ausging, so rief's von allen Seiten: »Rosenblütchen ist mein Schätzchen!« Nun ärgerte sich Hyazinth und mußte doch auch wieder aus Herzensgrunde lachen, wenn das Eidechschen geschlüpft kam, sich auf einen warmen Stein setzte, mit dem Schwänzchen wedelte und sang:

Rosenblütchen, das gute Kind,
Ist geworden auf einmal blind,
Denkt, die Mutter sei Hyazinth,
Fällt ihm um den Hals geschwind;
Merkt sie aber das fremde Gesicht,
Denkt nur an, da erschrickt sie nicht,
Fährt, als merkte sie kein Wort,
Immer nur mit Küssen fort.

Ach, wie bald war die Herrlichkeit vorbei. Es kam ein Mann aus fremden Landen gegangen, der war erstaunlich weit gereist, hatte einen langen Bart, tiefe Augen, entsetzliche Augenbrauen, ein wunderliches Kleid mit vielen Falten und seltsame Figuren hineingewebt. Er setzte sich vor das Haus, das Hyazinths Eltern gehörte. Nun war Hyazinth sehr neugierig und setzte sich zu ihm und holte ihm Brot und Wein. Da tat er seinen weißen Bart voneinander und erzählte bis tief in die Nacht, und Hyazinth wich und wankte nicht und wurde auch nicht müde zuzuhören. Soviel man nachher vernahm, hat er viel von fremden Ländern, unbekannten Gegenden, von erstaunlich wunderbaren Sachen erzählt und ist drei Tage dageblieben und mit Hyazinth in tiefe Schachten hinuntergekrochen. Rosenblütchen hat genug den alten Hexenmeister verwünscht, denn Hyazinth ist ganz versessen auf seine Gespräche gewesen und hat sich um nichts bekümmert; kaum daß er ein wenig Speise zu sich genommen. Endlich hat jener sich fortgemacht, doch dem Hyazinth ein Büchelchen dagelassen, das kein Mensch lesen konnte. Dieser hat ihm noch Früchte, Brot und Wein mitgegeben und ihn weit weg begleitet. Und dann ist er tiefsinnig zurückgekommen und hat einen ganz neuen Lebenswandel begonnen. Rosenblütchen hat recht zum Erbarmen um ihn getan, denn von der Zeit an hat er sich wenig aus ihr gemacht und ist immer für sich geblieben. Nun begab sich's, daß er einmal nach Hause kam und war wie neu geboren. Er fiel seinen Eltern um den Hals und weinte. »Ich muß fort in fremde Lande«, sagte er, »die alte wunderliche Frau im Walde hat mir erzählt, wie ich gesund werden müßte, das Buch hat sie ins Feuer geworfen und hat mich getrieben, zu euch zu gehen und euch um euren Segen zu bitten. Vielleicht komme ich bald, vielleicht nie wieder. Grüßt Rosenblütchen! Ich hätte sie gern gesprochen, ich weiß nicht, wie mir ist, es drängt mich fort; wenn ich an die alten Zeiten zurückdenken will, so kommen gleich mächtigere Gedanken dazwischen, die Ruhe ist fort, Herz und Liebe mit, ich muß sie suchen gehn. Ich wollt' euch sagen, wohin, ich weiß selbst nicht, dahin, wo die Mutter der Dinge wohnt, die verschleierte Jungfrau. Nach der ist mein Gemüt entzündet. Lebt wohl!« Er riß sich los und ging fort. Seine Eltern wehklagten und vergossen Tränen, Rosenblütchen blieb in ihrer Kammer und weinte bitterlich. Hyazinth lief nun, was er konnte, durch Täler und Wildnisse, über Berge und Ströme, dem geheimnisvollen Lande zu. Er fragte überall nach der heiligen Göttin Isis, Menschen und Tiere, Felsen und Bäume. Manche lachten, manche schwiegen, nirgends erhielt er Bescheid. Im Anfang kam er durch rauhes, wildes Land, Nebel und Wolken warfen sich ihm in den Weg, er stürmte immerfort; dann fand er unabsehliche Sandwüsten, glühenden Staub, und wie er wandelte, so veränderte sich auch sein Gemüt, die Zeit wurde ihm lang, und die innre Unruhe legte sich, er wurde sanfter und das gewaltige Treiben in ihm allgemach zu einem leisen, aber starken Zuge, in den sein ganzes Gemüt sich auflöste. Es lag wie viele Jahre hinter ihm. Nun wurde die Gegend auch wieder reicher und mannigfaltiger, die Luft lau und blau, der Weg ebener, grüne Büsche lockten ihn mit anmutigen Schatten, aber er verstand ihre Sprache nicht, sie schienen auch nicht zu sprechen, und doch erfüllten sie auch sein Herz mit grünen Farben und kühlem, stillem Wesen. Immer höher wuchs jene süße Sehnsucht in ihm, und immer breiter und saftiger wurden die Blätter, immer lauter und lustiger die Vögel und Tiere, balsamischer die Früchte, dunkler der Himmel, wärmer die Luft und heißer seine Liebe, die Zeit ging immer schneller, als sähe sie sich nahe am Ziele. Eines Tages begegnete er einem kristallnen Quell und einer Menge Blumen, die kamen in ein Tal herunter zwischen schwarzen himmelhohen Säulen. Sie grüßten ihn freundlich mit bekannten Worten. »Liebe Landsleute«, sagte er, »wo find' ich wohl den geheiligten Wohnsitz der Isis? Hierherum muß er sein, und ihr seid vielleicht hier bekannter als ich.« – »Wir gehn auch nur hier durch«, antworteten die Blumen; »eine Geisterfamilie ist auf der Reise, und wir bereiten ihr Weg und Quartier, indes sind wir vor kurzem durch eine Gegend gekommen, da hörten wir ihren Namen nennen. Gehe nur aufwärts, wo wir herkommen, so wirst du schon mehr erfahren.« Die Blumen und die Quelle lächelten, wie sie das sagten, boten ihm einen frischen Trunk und gingen weiter. Hyazinth folgte ihrem Rat, frug und frug und kam endlich zu jener längst gesuchten Wohnung, die unter Palmen und andern köstlichen Gewächsen versteckt lag. Sein Herz klopfte in unendlicher Sehnsucht, und die süßeste Bangigkeit durchdrang ihn in dieser Behausung der ewigen Jahreszeiten. Unter himmlischen Wohlgedüften entschlummerte er, weil ihn nur der Traum in das Allerheiligste führen durfte. Wunderlich führte ihn der Traum durch unendliche Gemächer voll seltsamer Sachen auf lauter reizenden Klängen und in abwechselnden Akkorden. Es dünkte ihn alles so bekannt und doch in nie gesehener Herrlichkeit, da schwand auch der letzte irdische Anflug, wie in Luft verzehrt, und er stand vor der himmlischen Jungfrau, da hob er den leichten, glänzenden Schleier, und Rosenblütchen sank in seine Arme. Eine ferne Musik umgab die Geheimnisse des liebenden Wiedersehns, der Ergießungen der Sehnsucht, und schloß alles Fremde von diesem entzückenden Orte aus. Hyazinth lebte nachher noch lange mit Rosenblütchen unter seinen frohen Eltern und Gespielen, und unzählige Enkel dankten der alten wunderlichen Frau für ihren Rat und ihr Feuer; denn damals bekamen die Menschen so viele Kinder, als sie wollten.[1]

1 Novalis, 1772–1801, eigentlich Friedrich Freiherr von Hardenberg, in: *Novalis, Schriften*, Band 1, Stuttgart, 1960

KUNSTBLUMEN

Auch wenn Birgit Recki schreibt, daß nur »wenige Intuitionen dem zeitgenössischen Kunstbegriff so selbstverständlich sein dürften, wie die, daß die „Nachahmung der Natur“ zu den Ladenhütern des künstlerischen Selbstverständnisses zu zählen ist«, so scheint mir diese Feststellung zumindest für den Bereich des Kunsthandwerks fragwürdig.[2]

Im Kunsthandwerk nimmt die Nachahmung von Pflanzen einen hervorragenden Platz ein. Die Rose als Lieblingsblume vieler Völker, die in zahlreichen religiösen und kultischen Ritualen wegen ihres Duftes und ihrer Schönheit verwendet wird, reizt schon immer dazu, in künstlicher Nachbildung die auf Wachstumszeit begrenzte Lebensdauer vergessen zu lassen. Die Beliebtheit von Blumen zunächst für religiöse und kultische Zwecke, später als äußerer Schmuck des Lebens, der Wohnung und der Kleidung sind Voraussetzungen für ihre Nachahmung.

»Eine besondere Bedeutung kommt dabei den Blumenfesten der Alten zu, die bei den Griechen zu Ehren der Chloris und bei den Römern zu Ehren der Flora als Floralia oder Rosalia gefeiert wurden. (→ ROSENFESTE) Anfangs mögen die Rosalia Erinnerungsfeste im Dienste des Totenkultus gewesen sein, doch später gingen sie in allgemeine Freudenfeste zur Feier des Frühlingseinzuges über, die sich durch mutwillige Ausgelassenheit und lärmende Lustigkeit auszeichneten. Das Rosenfest, welches seit 173 v. Chr. alljährlich wiederkehrte, war eine Zeit üppiger Gelage und heiteren Lebensgenusses. Nach orientalischer Art pflegten die Festtafeln mit Rosen und anderen Frühlingsblumen reich geschmückt zu sein.«[3]

Mit der Steigerung des Luxuslebens in der ausgehenden Antike nahm auch der Blumenverbrauch außerordentlich zu. Bei den üppigen Gastmählern der obersten Gesellschaftsschicht findet eine Überfülle von Blumen als Tafel- und Zimmerschmuck Verwendung. Alle Teilnehmer tragen reiche Blumenkränze um Hals und Haupt. Bruno Schier beschreibt in seinem Standardwerk über die Kunstblume, wie zunächst durch den reichen Gebrauch des Blumenschmuckes für sakrale und profane Zwecke ein Bedarf dafür auch in der kalten, blumenlosen Jahreszeit entstand. Die Kunstblume wird erfunden. »Über die außerordentliche Kunst dieser Nachbildungen gibt bereits die Kunstblume in dem berühmten Blumenrätsel der Königin von Saba Aufschluß. (...)

»Aber da kam die herrliche Rose hervor. „Nein, wie ist die niedlich gemacht!“, sagten alle Hofdamen. „Sie ist mehr als niedlich“, sagte der Kaiser, „sie ist charmant!“ Aber die Prinzessin befühlte sie, und da war sie nahe daran zu weinen. „Pfui, Papa!“, sagte sie; „sie ist nicht künstlich, sie ist natürlich“!«[1]

Kunstblumenherstellung, Stahlstich aus Diderot und D'Alemberts Enzyclopädie, 1760

Danach reichte die Königin von Saba dem König Salomo sechs natürliche und sechs künstliche Lilien, die so täuschend nachgeahmt waren, daß sie von den wirklichen Lilien nicht unterschieden werden konnten. König Salomo überließ die Klärung der Echtheitsfrage einer Biene, die mit sicherem Instinkt nur die Kelche der echten Lilien besuchte.«[4] (→ LILIE UND ROSE)

Zu den Hornspänen, den Metallen, dem Wachs und den getrockneten Blumen kommen im späten Rom Papyrus und Seide als Materialien für die Herstellung künstlicher Blumen hinzu. Durch die bereits auch schon übliche Tränkung mit Duftstoffen sind bereits im Altertum alle wesentlichen Elemente der modernen Kunstblumenindustrie vertreten.

Zu besonderer Berühmtheit bringen es die französischen Kunstblumenhersteller. In Frankreich gibt es Blumenkünstler, die sich um größtmögliche Naturtreue der Blumen bemühen, wie Monsieur Seguin du Gevaudan, der alle Zustände der Blumen nachahmt, auch die verwelkenden oder fruchttragenden. Ihn überragt noch der Pariser Modewarenhändler Beaulard, der auch die Dynamik des Pflanzenlebens mit seinem Keimen, Blühen und Welken darstellt.[5]

»Er überreichte der Königin Marie Antoinette eine künstliche Rose, täuschend nach Aussehen und Geruch. Die Königin prüfte das Meisterwerk mit Aufmerksamkeit. Man machte sie auf eine kleine Knospe aufmerksam, die zu berühren sei. Plötzlich sah sie, wie die Rose völlig aufblühte und im Innern ein sehr ähnliches Bild dieser Fürstin zeigte.«[6]

Eine andere künstliche Rose, die am Busen Marie Antoinettes blühte, gelangte wegen ihrer Naturvollkommenheit zu Berühmtheit. Die Blätter dieser Rose waren aus dem zarten Häutchen geschnitten, das sich unter der Eierschale befindet.[7]

In der Reihe »Neuer Schauplatz der Künste und Handwerke« erscheint 1855 in Weimar ein Büchlein über die Fabrikation der künstlichen Blumen.[8] Der Autor, Em. Schreiber, erwähnt in seinem Vorwort nicht nur das gute Geschäft, das sich mit den unentbehrlichen künstlichen Blumen die Hälfte des Jahres machen läßt, er erwähnt neben den Damen, die Kunstblumen aus Zeitvertreib herstellen, auch die zahllosen Arbeiter, von denen viele Kinder sind. Das Rosenmuseum besitzt neben einigen Werkzeugen, die zur Kunstblumenherstellung benötigt werden, auch eine Sammlung von künstlichen Rosen. Darunter sind zahlreiche Kunstblumen aus Walldürn im Odenwald, Konfirmationskränzchen aus Mardorf und Sebnitz sowie handgefertigte italienische Seidenblumen, denen es sogar an den typischen Rosenkrankheiten wie Mehltau und Rosenrost nicht mangelt.

Die Fabrikation einer Rose »hauptsächlich zur Toilette bestimmt« beschreibt Em. Schreiber 1855 so: »Um eine Rose nachzuahmen, nimmt man zuerst eine schöne natürliche Rose oder wenigstens eine vollkommen nachgeahmte als Muster. Sobald man jedoch einige Übung erlangt hat, ist dieß auch nicht mehr nöthig, da diese eine der Blumen ist, die am Allerhäufigsten vorkommen. Man bestimmt nun zuerst die Zahl der aufgeblühten Rosen, der offenen und geschlossenen Knospen, der Blätter und Blättchen, aus denen der zu bildende Zweig bestehen soll, um alle Theile vorher zu bereiten. Man vervielfältigt diese Zahl, wenn man mehrere Zweige auf einmal zu machen hat.

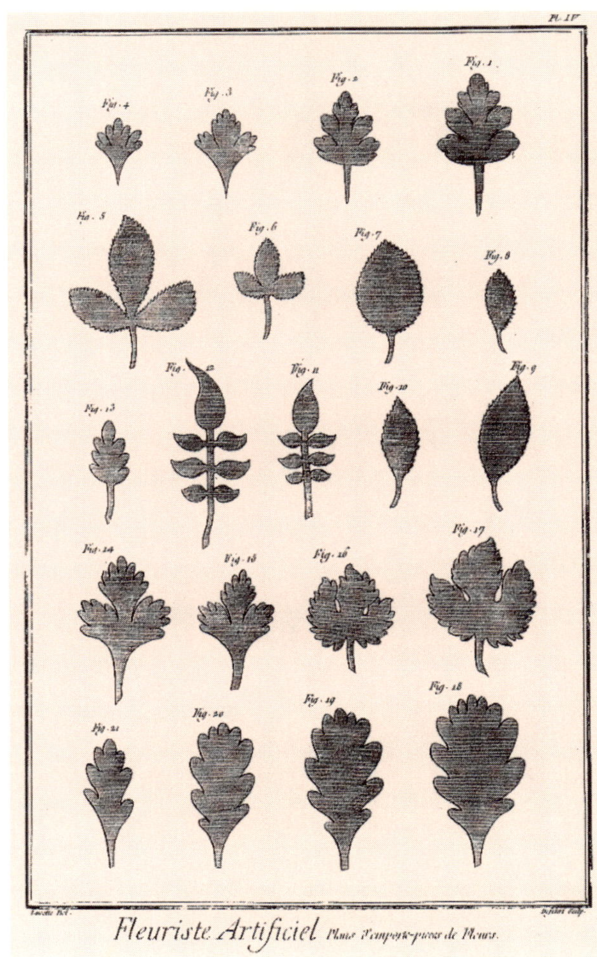

Kunstblumenherstellung, Stahlstich aus Diderot und D'Alemberts Enzyclopädie, 1760

Klüpfel, Ausschlag und Preßform zur Herstellung von Papierrosen, Eisen, Leder und Holz aus Walldürn im Odenwald

Die grünen Blätter der Rose sind in drei Schattirungen: gelbgrün zu den jungen Blättchen, die gewöhnlich zu dreien an einem Stiele sitzen; mittel- und dunkelgrün zu den mehr oder minder entwickelten übrigen Blättern. Von der Bereitung der einzelnen Theile, wie des Stengels, der Dornen und Blätter, ist schon weiter oben genug gesagt worden; wir wiederholen es deshalb nicht.

Wir wissen, daß die ganz kleinen Knospen mit Hühnerleder oder Papier überzogen werden, die aufgeblühten hingegen mit Blumenblättern besetzt sind. Bestimmt man nun die ersteren für eine weiße Rose, so überzieht man sie erst mit einer Mischung von einigen Tropfen flüssigem Gelb und etwas Branntwein, Eau de Cologne oder Alkohol; man trägt diese Mischung mit dem Pinsel auf und läßt sie trocken werden, worauf man noch einen zweiten Ueberzug von flüssigem Gelb, Blau und Cremor-Tartari giebt, damit sie grün werden. Eine rothe Rosenknospe wird nur grün überstrichen, dann mit Karmin geröthet, und der Rosenbart um dieselbe herum oder seiner ganzen Länge nach darauf geklebt. Bei aufgeblühten Knospen befestigt man noch vier Blumenblätter um die Baumwollkugel und zwar so, daß eins ungefähr die Hälfte des andern bedeckt, worauf man den Bart anklebt. Den grünen dicken Kelch der Rosenknospen läßt man bei ordinären sehr kleinen Rosen oft weg; zu den feineren bestreicht man den Stiel dicht unter dem Rosenbart mit Leim und wickelt dann grüne Baumwolle in Form dieses Kelches, der wie eine Glocke gebildet ist, darum; sodann bestreiche man den Kelch mit maigrünem Leimteig, dem man nach dem Trocknen mit Eiweiß und Euphorbiensaft den Glanz giebt.

Die Staubfäden im Innern der Rose werden in einem Bündel gebildet und zusammengerollte Blättchen rundherum befestigt. Hierauf folgen die vier ersten inneren Blättchen zwischen den zusammengerollten; dann folgt ein größeres, bald ein kleineres, bald vor, bald hinter den zusammengerollten, oft auch gleichsam von den Staubfäden abgewendet. Wenn man mit diesem Innern fertig ist, welches das Herz genannt wird, so folgen drei Kreise, jeder von zwanzig Blättern, wobei allemal die des nächstfolgenden Kreises nicht auf die ersten kommen, sondern zwischen zweien hervorragen; zuletzt befestigt man den Bart und den Kelch.

Die Moosrose ist etwas dunkler, als die Gartenrose, und bekommt statt des Rosenbartes und Kelches nur grünes, breites Waldmoos, woher sie ihren Namen hat.

Die noch geschlossene Moosrose oder Knospe ist noch dunkler, als die offene, und bekommt oben gedachtes Moos als Bart und Kelch, womit auch der Stiel beklebt wird.

Für Damen, die sich die Blumenblätter mit der Schere zu schneiden wünschen, verweisen wir auf die Figuren, deren Erklärung unter dem Artikel Papierblumen sich befindet.

Nach der Beschreibung, die wir von der Rose im allgemeinen gegeben haben, und einem guten Muster, wird es jedermann leicht fallen, sich die verschiedenen Arten derselben darzustellen.« 9

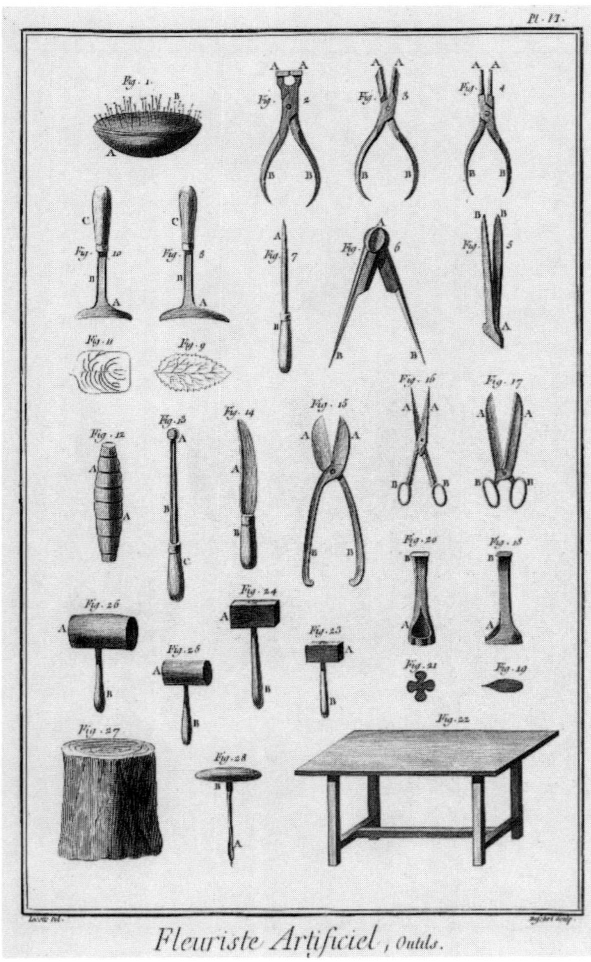

Kunstblumenherstellung, Stahlstich aus Diderot und D'Alemberts Enzyclopädie, 1760

»L'aimable Fleuriste«, kolorierte Lithografie von Ch. Philipon, um 1830

1 Hans Christian Andersen: *Der Schweinehirt,* in: Andersen Märchen, 1975
2 Birgit Recki: *Mimesis: Nachahmung der Natur. Kleine Apologie eines mißverstandenen Leitbegriffs,* aus: Kunstforum international, Band 114, 1991
3 Bruno Schier: *Die Kunstblume von der Antike bis zur Gegenwart,* Berlin, 1957, Seite 2
4 Bruno Schier: ebenda, Seite 5
5 Bruno Schier, ebenda, Seite 16
6 Bruno Schier, ebenda, Seite 18
7 Bruno Schier, ebenda, Seite 18
8 Em. Schreiber: *Die Fabrication der künstlichen Blumen nebst der Federschmückerei oder die Kunst, alle Arten von Blumen aus Batist, Mousselin, Gaze, Taffet, Atlas und Samt; aus Papier, Wachs, Leder; aus Fischbein, Goldschlägerhäutchen, Chenille und Gelatine der Natur getreu nachzuahmen, sowie die verschiedenartigsten Phantasieblumen aus Haaren und Seide, aus Stroh, aus Gold und Silber, aus Perlmutter und anderen Stoffen zu fertigen; und endlich die zur Toilette und zum Schmuck überhaupt dienenden Federn nach den bewährtesten Verfahrungsarten zu bleichen, zu färben, zu dressieren, zu kräuseln etc.,* Weimar, 1855
9 Em. Schreiber, ebenda, Seite 113

Kulturgeschichten

Die im 17. und 18. Jahrhundert beliebt gewordenen Enzyklopädien, die die Künste, Wissenschaften und Handwerke in Stichworte bringen, überliefern uns auch ein Bild des jeweiligen Umgangs mit Rosen. So ist in Joachim Zedlers »Großes vollständiges Universallexikon aller Wissenschaften und Künste, welche bishero durch menschlichen Verstand und Witz erfunden und verbessert worden«, das Mitte des 18. Jahrhunderts in Leipzig und Halle erscheint, ein umfassendes Kapitel über Rosen enthalten, ebenso wie in »Krünitz's Encyklopädie«, die ab 1819 erscheint.[1, 2] Krünitz beschreibt 55 Rosen nach dem Linnéschen System. Der gärtnerische Umgang mit ihnen ist ebenso Thema wie ihre heilkräftigen und wohlschmeckenden Eigenschaften. (→ Candirte Rosen)

Perpetuus Virtutis flos aeterna corona

Gratia

Gloria

IOAN. CAROLI ROSENBERGI

RHODOLOGIA

seu

Philosophico-Medica generosae ROSAE descriptio:

Flosculis Philosophicis, Arcanis Politicis, Chymicis, &c. adornata.

Editio nouissima, correcta, & infinitis ferè locis aucta.

Francofurti ad Mœnum,

Sumptibus WILHELMI FITZERI, typis hæred. Hartmanni Palthenij.

ANNO M. DC. XXXI.

Virtus ... in Solo

Felicitas ... in Coelo

Sapientia

Constantia

Inter Spinas Rosa, inter aculeos invidiæ Virtutis flos exurgit ac Virescit Hoc flore florescamus

Hausiererprodukt, Druck, 19. Jahrhundert

Zedler und Krünitz können für ihre Enzyklopädien auf eine Rosenmonografie von Carolus Rosenberg zurückgreifen, die dieser im 17. Jahrhundert publizierte.[3]

Wilhelm Ludwig Döring tritt mit seinem Buch »Die Königin der Blumen, oder die höhere Bedeutung der Rose an sich und in Beziehung auf die Gemüthswelt, nach Naturanschauung, Poesie und Geschichte« zweihundert Jahre später in die Fußstapfen von Carolus Rosenberg.«[4] Obwohl Döring im Untertitel seine Arbeit als »Beitrag zur tiefern Auffassung und Erkenntniß der Natur überhaupt« annonciert, gibt er doch anders als Zedler und Krünitz keinen umfassenden Überblick, sondern untersucht ausschließlich die Rose in ihren Beziehungen zur Weiblichkeit. Von der Rose Kindheit ausgehend, gelangt er über ihre Jugend – die Rosenjungfrau – zum Tod der Rose. Dörings Buch gehört zu einer besonders im 19. Jahrhundert beliebten Gattung: Über den Umweg der Betrachtung der Rose werden Bücher über Frauen verfaßt. Die Rose als Symbol der Weiblichkeit regt die Autoren an, verborgene Sehnsüchte »durch die Blume« ans Licht der Öffentlichkeit zu bringen. So ist auch Ernst Schulzes im 19. Jahrhundert so beliebte »Bezauberte Rose« ein derartiges, jedoch in Verse gefaßtes Werk.[5]

Döring entwirft ein weibliches Ideal, das sich an antiken Weiblichkeitsbildern orientiert: Venus, Aurora, Flora oder den Grazien Thalia und Euphrosyne. Im Kapitel »Die Rose, als ein Bild der Jungfrau« schreibt er: »Das weibliche Geschlecht wird öfter, als das männliche, mit Blumen verglichen und mit diesen zusammengestellt, weil sie der weiblichen Eigenthümlichkeit mehr entsprechen; während das männliche Geschlecht mehr mit den lebenskräftigen, aufwärts strebenden Bäumen in Parallele gesetzt wird, sofern diese Bilder der Kraft und des Thatendrangs, oder Bilder von Erhabenheit, Ernst und Würde sind, welche dem männlichen Charakter mehr entsprechen. Deshalb wurde schon, Luther mit einer Eiche, Mozart mit einer Palme, Young mit einer Dattelpalme, Göthe sogar mit einem Sykomorenbaum verglichen. Die ideale Jungfrau ist das Veilchen der Demuth, die Lilie der Unschuld und besonders die Rose der Schönheit und Liebe. Die Rose ist gleichsam ihr Spiegelbild; als solches ist diese Blume von jeher erkannt worden.«[6]

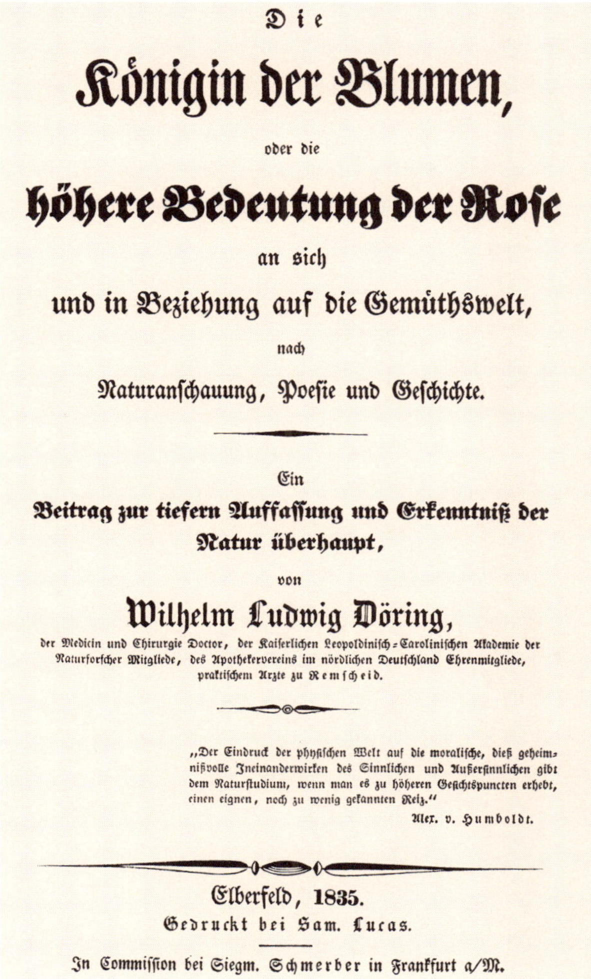

Die

Königin der Blumen,

oder die

höhere Bedeutung der Rose

an sich

und in Beziehung auf die Gemüthswelt,

nach

Naturanschauung, Poesie und Geschichte.

Ein

Beitrag zur tiefern Auffassung und Erkenntniß der Natur überhaupt,

von

Wilhelm Ludwig Döring,

der Medicin und Chirurgie Doctor, der Kaiserlichen Leopoldinisch-Carolinischen Akademie der Naturforscher Mitgliede, des Apothekervereins im nördlichen Deutschland Ehrenmitgliede, praktischem Arzte zu Remscheid.

„Der Eindruck der physischen Welt auf die moralische, dieß geheimnißvolle Ineinanderwirken des Sinnlichen und Außersinnlichen gibt dem Naturstudium, wenn man es zu höheren Gesichtspuncten erhebt, einen eignen, noch zu wenig gekannten Reiz."

Alex. v. Humboldt.

Elberfeld, 1835.

Gedruckt bei Sam. Lucas.

In Commission bei Siegm. Schmerber in Frankfurt a/M.

Neben einer Aufzählung der von der Rose hergeleiteten Frauennamen wie Rhodope, Rhodora, Rosa, Rosabella usw. plaudert Döring ausführlich über die Rose und ihre Beziehung zum Frauenkörper.

»Statt aller (Autoren) sei hier nur des einen Clauren (Carl Heun) gedacht, der über alle Attribute der Schönheit, über das Wangen- und Kinngrübchen, über die Tauben- und Vergißmeinnichtsäuglein, über den Rosensammet des Liliennackens, über den Rosenduft der Sammetwangen, über die süßgeschwellten Purpurlippen, über die Schwanen- und Lichtpracht des Busens, ja über die kleinen Pflaumen-Patschchen gewaltig viel Liebliches und Rosiges, aber das fleischliche Herz oft zu sehr Erwärmendes zu sagen versteht.

Seit den ältesten Zeiten wird bei den Griechen und Römern das Wort rosig und rosenfarbig vom weiblichen Geschlechte, und vorzüglich von den Idealen weiblicher Schönheit, von der Venus, den Grazien, der Aurora, der Hebe usw. gebraucht. Man stellte sich solche von Rosenlicht, Rosenglanz, Rosenschimmer, Rosengluth umgeben, vor.«[7]

1873 erscheint in Leipzig Matthias Schleidens »Die Rose ... Geschichte und Symbolik«.[8] Er kann auch wissenschaftlichen Ansprüchen an sein Thema gerecht werden, da er Botaniker ist. Von der Urzeit der Rose ausgehend, schildert er ihre Bedeutung im Altertum, in der römischen Kaiserzeit und im frühen Christentum. Der Auffassung der Rose bei den Germanen stellt er die im Morgenland zur Seite. Den Schluß bildet ein Ausblick in die Neuzeit mit einer Betrachtung der Rose als Handels- und Kunstobjekt. Schleidens Buch ist für alle Forschungen in diesem Bereich unentbehrlich, vor allem, weil er die Quellen seiner Forschungen benennt. Es dauert über hundert Jahre, bis Gerd Krüssmanns »Rosen Rosen Rosen« erscheint.[9] Krüssmanns Buch hat seinen Schwerpunkt im gärtnerischen Bereich, besonders deshalb möchte ich es hier nennen, denn sein vollständiger Überblick über die Rose als Gartenpflanze und ihre Produktionsbedingungen ist unverzichtbar.

Gerd Heinz-Mohrs und Volker Sommers Buch »Die Rose – Entfaltung eines Symbols« bringt neue Ideen in das nicht nur durch Materialfülle recht unüberschaubare Gebiet der Rosenforschung.[10] Sie stellen die Rose als Symbol von weltlicher und geistiger Liebe, als Weiblichkeitssymbol und Sexualsymbol in den Mittelpunkt ihrer Betrachtungen. Auf dem Hintergrund ihrer Überlegungen kann viel von dem über mehrere Jahrhunderte zusammengetragenen Material zur Kulturgeschichte der Rose neu gelesen und interpretiert werden.

Das Rosenmuseum Steinfurth besitzt in seiner Spezialbibliothek die oben genannten Werke, bis auf Zedlers Universallexikon. Neben den kulturgeschichtlichen Büchern werden illustrierte Werke, solche mit gärtnerischem Schwerpunkt, aber auch literarische Bücher zum Thema Rose gesammelt. Die Bibliothek ist auf Vereinbarung zugänglich.

1 Joachim Zedler: *Großes vollständiges Universallexikon aller Wissenschaften und Künste*, Stichwort Rose, Leipzig und Halle, 1742

2 Johann Georg Krünitz: *Ökonomisch-Technologische Encyclopädie oder allgemeines System der Staats-, Stadt-, Haus- und Landwirtschaft, und der Kunstgeschichte in alphabetischer Ordnung*, Berlin, 1819, Stichwort Rose und Parfümerie

3 Ioan. Caroli Rhosenbergi *Rhodologia seu Philosophico-Medica generosae Rosae descriptio*, Francofurti ad Moenum, 1631 Teilübersetzungen daraus in: Johann Christian Benemann: *Die Rose, zum Ruhm ihres Schöpfers und Vergnügen edler Gemüther, beschrieben von dem Verfasser derer Gedanken über das Reich derer Blumen*, Leipzig, 1742, Seite 72

4 Wilhelm Ludwig Döring: *Die Königin der Blumen, oder die höhere Bedeutung der Rose an sich und in Beziehung auf die Gemüthswelt, nach Naturanschauung, Poesie und Geschichte*, Elberfeld, 1835

5 Ernst Schulze: *Die bezauberte Rose*, Berlin, 1872

6 Wilhelm Ludwig Döring, ebenda, Seite 287

7 Wilhelm Ludwig Döring, ebenda, Seite 293

8 Matthias Schleiden: *Die Rose ... Geschichte und Symbolik*, Leipzig, 1873

9 Gerd Krüssmann: *Rosen Rosen Rosen*, Berlin und Hamburg, 1986

10 Gerd Heinz-Mohr und Volker Sommer: *Die Rose – Entfaltung eines Symbols*, München, 1988

Kurzweil

Quinque sumus fratres,
et eodem tempore nati.
Sunt duo barbati. Duo
sunt sine barba creati.
Unus et e quinque non
est barbatus utrinque.

Wir sind fünf Brüder, zu
gleicher Zeit geboren.
Zwei davon mit Bärten,
zwei'n ist der Bart
geschoren,
Einer von uns Fünfen
hat ihn halb verloren.[1]

Die grünen Kelchblätter
der Rose

Ich bin der Erden
Purpurrock,
prang rot und weiß wie
eine Dock;
hoch auf der Holzburg
tu ich schweben,
mit scharfen Spießen
bin umgeben.
Wenn ich meinen Rock
lang halten künnt,
mein gleichen man auf
Erden nit find't.[2]

Die Rose

Persisches Brettspiel, bemaltes Holz, 19. Jahrhundert

Es hat tausend Blätter
und ist doch keine
Blätterteigpastete.
Es ist rot
und ist doch kein roter
Pfeffer.[3]

Rosa centifolia

Auf einem smaragdenen
Throne,
da saß eine Fee gar hold.
Ich streckte die Hand
aus; da zückte
der Nebenbuhler den
Dolch![4]

Die Rose

Rose brechen: ist ein dem Frauenzimmer gebräuchliches Spiel, da die um den Tisch herum sitzende Gesellschaft von etlichen Kartenblättern eine runde Rose in einander stecket, die übrigen Blätter der Karte darüber streuet, und immer ein Blatt nach dem anderen in der Reihe eintzeln davon wieder hinweg nimmt, wen die Reihe trift, daß er in Ermangelung anderer schon aufgehobener Blätter die Rose anbrechen, und ein Blatt daraus ziehen muß, dem wird ein Pfand einzubeliefern anbefohlen.[6]

Mich ziert ein
Purpurschmuck, ich
komm' aus schwarzer
Erde;
Mich schüzet allezeit
ein rauhes Stachelkleid,
daß ich von frecher
Hand nicht gleich verletzet werde,
Ach! aber wie so kurz
ist meine Lebenszeit![5]

Die Rose

1 Peter Coats: *Rosen*, Frankfurt, o. J., Seite 94
2 Ulrich Bentzien: *Rat zu was ist das*, 1982
3 Türkisches Volksrätsel, mitgeteilt von Annemarie Schimmel, 1991
4 Türkisches Volksrätsel, in: Annemarie Schimmel: *Die Rose*, Schriftenreihe Rosenmuseum Steinfurth, 1991, Seite 14
5 Gesellschaftsspiel, 1. Hälfte 19. Jahrhundert
6 Zedlers *Universallexikon*, Leipzig und Halle, 1742

Die Rose als Symbol der Liebe[1]

Die Rose gilt als das Symbol der Liebe. Sie ist Königin der Blumen und so schön und ihr Geruch so angenehm, daß sie zum Sinnbild wurde und zum Symbol der verschiedenartigsten Dinge. So wie sie das Bild der Liebe, der Tugend, der jungfräulichen Sittsamkeit und der Schaamhaftigkeit ist, so ist sie auch das Bild der schnöden Lust, denen der Schmerz und die Reue folgt. Sie ist Venus, der Göttin der Liebe, und Amor, dem Liebesgott, geheiligt.

Wegen ihrer bedeutungsvollen Kugelgestalt, in der sie, alles vollkommen erhaltend und Anfang und Ende miteinander verbindend, das Bild der Vereinigung, des Glücks, der Ewigkeit in sich schließt, gehörte sie gleichmäßig dem Leben wie dem Tode an.

Sie wird im Mythus vom Tod des Adonis, des geliebten der Aphrodite (Venus), zum Symbol der über den Tod hinausreichenden Liebe und Wiedergeburt, als aus Adonis' Blut bei seinem Tod die ersten roten Rosen entsprossen sein sollen.

Rote Rosen gelten als Sinnbild des Blutes, der glutvollen Liebe, weiße Rosen als Symbol der Reinheit und schmachtenden Liebe und gelbe als Sinnbild der Eifersucht. In den Liebes- und Blumensprachen fast aller Kulturvölker nimmt die Rose eine hohe Stellung ein. Schenkt die Jungfrau dem Verehrer eine Rose, so hat sie seine Liebe erhört und nimmt seine Werbung an.

In der Blumensprache bedeuten:

Gelbe Rose
Wenn du noch keinen Anbeter hast, so sey nicht neidisch auf die glücklicheren.

Rothe Rose, Centifolie
Ich kenne nichts Herrlicheres, als deinen Besitz. Entscheide über mein Glück.

Weisse Rose
Bald werde ich das Opfer meiner hoffnungslosen Liebe werden.

Monats-Rose
Soll meine Sehnsucht mich verzehren?

Entblätterte Rose
Du hast mich unglücklich gemacht.

Einfache Eglanteria-Rose
Deine Liebe hat keine edlen Triebfedern.

Rothes Rosenblatt
Ja.

Weisses Rosenblatt
Nein.

Rothe Rosenknospe
Bisher war Liebe meinem Herzen fremd, erst jetzt ahne ich ihr Glück.

Weisse Rosenknospe
Noch bist du rein, wache über deine Neigungen.

Zahlreiche Liebesorakel werden mit Rosen vollzogen. Thessalische Zauberinnen und deutsche Wahrsagerinnen helfen liebeskranken Mädchen mit diesem Zaubertrank:

Trage, sagten sie, drei Rosen, eine dunkelrothe, eine blaßrothe und eine weiße drei Tage, drei Nächte und drei Stunden lang auf deinem Herzen, daß Niemand sie sehn kann. Bete dreimal das Paternoster, dreimal das Ave Maria und mache das Zeichen des heiligen Kreuzes. Hänge dann die drei Rosen drei Tage, drei Nächte und drei Stunden lang in eine Flasche Wein, und laß den Gegenstand deiner Liebe trinken, ohne daß es wisse was darin war, und er wird dich mit ganzer Seele lieben, und dir treu sein dein Leben lang.

Kämpfer werden im »Heldenbuch« mit Kränzen und Küssen belohnt

Als Liebesorakel verwendet man Rosenblätter, die man wie Schiffchen auf dem Wasser schwimmen läßt; schwimmen die Schiffchen von Jungfrau und Jüngling aufeinander zu, so werden sie Verlobte oder bleiben einander treu, schwimmen sie von einander weg, so tritt Trennung ein. – Blüht im Herbst eine rote Rose, so bedeutet dies eine Hochzeit; wenn aus einer Rosenblüte ein grünes Blatt oder eine zweite Blüte herauswächst so ist im nächsten Jahr eine Braut im Hause.

Rosen brechen und Rosen entblättern meint entjungfern, so wie das Sprichwort »Rosen und Jungfrauen sind bald entblättert«. (→ Goethes Heidenröslein) Nach geglücktem Rosenzauber werden die Türpfosten des Hauses, in dem sich eine Braut befindet, mit Rosen umwunden, mit Rosenblättern wird das Brautbett bestreut. Im 13. Jahrhundert tragen die Damen Rosenkronen und auch die Ärmsten müssen für das »Chapel«, das die Bräute auf dem Kopf tragen, sorgen.

1 Dieser Text ist identisch mit dem eines Faltblattes, das im Raum »Die Rose als Symbol« im Rosenmuseum Steinfurth ausliegt.
Marie von Strantz: *Die Blume in Sage und Geschichte*, Berlin, 1875
Aigremont: *Volkserotik und Pflanzenwelt*, Leipzig, 1907–1910
Hans Biedermann: *Knaurs Lexikon der Symbole*, München, 1989
J. M. Braun: *Taschenbuch der Blumensprache*, Stuttgart, um 1830

Lilie und Rose

*»Denk dir ein Weib im reinsten Jugendlicht
nach einem Urbild von dort oben
aus Rosenglut und Lilienschnee gewoben«* [1]

Die weiße Lilie gilt seit alters her als Gegensatz zur roten Rose. Ob Alchemist, Pharmazeut oder Kräuterheilkundige, sie alle beschäftigten sich mit der Rot-Weiß-Polarität. Mit der weißen Lilie ist immer Reinheit und Unschuld verknüpft, mit der roten Rose Sündenfall und irdische, blutige Liebe. Während Weiß sich als »noch keine Farbe« oder als vollkommene Vereinigung aller Farben des Lichtspektrums verstehen läßt, ist das Rot aggressiv, vital und kraftgeladen. Rot ist die Farbe des Feuers, der Liebe und des Kampfes auf Leben und Tod. In der antiken Zeugungslehre entsteht neues Leben dort, wo Blut und weißes Sperma sich verbinden. Rot und weiß sind Symbol der Schöpfung. [2]

»Wie willst du weiße Lilien zu roten Rosen machen? Küß eine weiße Galathee, sie wird errötend lachen.« [3]

Die in Kellers Gedicht angesprochene Verwandlung von Weiß nach Rot blieb nicht Poesie; eine Rosenzüchtung des 19. Jahrhunderts erblühte des morgens weiß und am Abend schimmerte sie rot. Da sie die weibliche Defloration verkörperte, wurde sie »rosa defloratio« genannt.

Lilie, Zeichnung von Walter Crane, London, 1890

Ebenso wie die Lilie und die Rose eine Farbpolarität verkörpern, stehen sie auch für die Polarität der Geschlechter. Die Lilie als männliches Prinzip, die Rose als weibliches.

Sichtbar wird das Polaritätsprinzip auch bei einer tiefergehenden Betrachtung der Pflanzen selbst.

Rudolf Steiner wies in seinem landwirtschaftlichen Kurs einmal darauf hin, daß es die erste Beurteilung einer Pflanze sein müsse, was irdisch und was kosmisch an ihr sei. Alle Lilien sind Zwiebelgewächse, während die Rosen holzbildende Pflanzen sind. Die Rosaceen verwurzeln sich nicht nur fest in der Erde, sie blühen auch und tragen im Unterschied zu den Liliaceen auch Früchte. Zu ihnen gehören alle unsere Obstbäume. Jeder Baum und Strauch bildet unter der Erde noch einmal den entgegengesetzten Baum als Wurzel. Die Rose ist auf Dauer angelegt, während die Lilie nirgends verholzende Teile ausbildet, auch nicht an der Zwiebel. Gesetzmäßigkeiten der oberirdischen Pflanze werden bei der Rose unter die Erde verlegt, während es bei der Lilie umgekehrt ist. Die Zwiebelpflanze bleibt außerhalb der mineralischen Erde stehen, sie reicht nur bis in die wäßrige Mondphase unseres Planeten.[4]

Deshalb ist es nicht weiter verwunderlich, weshalb die Lilie schon immer als Symbol des vorgeburtlichen beziehungsweise des Zustandes nach dem Tode des Menschen gilt. Beide Zustände stehen mit der Zuschreibung der Reinheit, mit der Unberührtheit von irdischen Blutskräften in Zusammenhang. »Viele alte Maler verwenden die Lilie dort, wo es gilt, das Hereinragen des Kosmisch-Göttlichen in die Erdenwelt darzustellen. Der die Geburt des Jesuskindes verkündende Erzengel trägt einen Lilienstengel in seiner Hand. Die göttliche Individualität hat sich ja noch nicht mit den Blutskräften der Mutter verbunden. Ist das Kind dann geboren, muß die Rose an die Stelle der Lilie treten.«[5] Auch die Bauprinzipien der beiden Pflanzen sind gegensätzlich. So basiert die Lilienblüte auf dem regelmäßigen Sechsstern, während die Rose nach dem Prinzip des regelmäßigen Fünfsterns oder Pentagramms gebaut ist. Im Sechsstern der Lilie offenbart sich ihre Verbundenheit mit dem Makrokosmischen, den Formkräften des erdfernen Sternenhimmels. Diese Formen begegnen uns wieder in den Kristallformen des Mineralischen der Schneeflocke oder dem Bergkristall. Grohmann schreibt, daß sich hierin ablesen läßt, daß die Pflanze ein vegetabilischer Kristall, der Kristall eine mineralisch erstarrte Blütenform sei.

In der Rose dagegen gibt uns das Pentagramm als Symbol des Mikrokosmos einen Hinweis auf die Lebendigkeit des Organismus.

Rose, Zeichnung von Walter Crane, London, 1890

1 Wieland, aus Oberon, 1780, zit. nach Marianne Beuchert, Marion Nickig: *Von Lilien bezaubert, von Rosen verführt,* Köln, 1985
2 Hans Biedermann: *Knaurs Lexikon der Symbole,* 1989
3 Gottfried Keller: *Sinngedicht,* zit. nach Peter Coats: *Rosen,* Frankfurt, o. J.
4 Gerbert Grohmann: *Rose und Lilie,* in: Die Pflanze als Lichtsinnesorgan, Stuttgart, 1981
5 Gerbert Grohmann, ebenda, Seite 28

Medizin

Rosenblütenblätter, Rosenblätter, Rosenwurzelrinde, Hagebutten, Hagebuttensamen und Rosenschlafäpfel sind Grundstoffe medizinischer Zubereitungen aus Rosen.

Die Rose – wegen ihres lieblichen und erquickenden Geruches geschätzt – zählt zu den vier herzstärkenden Blumen. Gegen Entzündungen des Auges, der Ohren und des Mundes wird die Rose verschrieben, aber auch bei Magen-, Kopf- und Zahnschmerzen.

Ihre kühlende und zusammenziehende Wirkung, ihre heilenden und lindernden Kräfte sind seit der Antike so beliebt, daß im 17. Jahrhundert jede dritte Medizin aus Rosen besteht oder mit Rosen vermischt ist.[1] In den Apotheken werden die roten, leibfarbenen und weißen Rosen am meisten gebraucht, die Rosa gallica gilt als Apothekerrose.

Rosenberg schreibt in seiner 1631 erschienenen »Rhodologia«, daß »… angesehen wenig Blumen zu finden, die so vielen Theilen unsers Leibes dienlich sind, als die Rosen«.[3] Farben, Formen und Eigenschaften der Pflanzen werden von den Heilkundigen, die der »Signaturenlehre« anhängen, mit allen Sinnen erschmeckt und ertastet und für die so ähnlich riechenden und aussehenden Krankheiten des Menschen verschrieben. So empfiehlt Plinius den dichtbehaarten Schlafapfel der Hundsrose gegen Kahlköpfigkeit.

Rosenberg beschreibt die Gestalt der Rose so: »Die noch ungeöffnete Rose gleicht dem Kopfe, wenn sie sich dann öffnet, so zeigen die zusammengewickelten Blätter die gefurchte und gefaltete Oberfläche des Gehirns, der kegelförmige röthliche Kelch drückt das Herz aus, auch noch anderen edlen Theilen ist sie gleich gebaut und ihnen ganz besonders angepaßt, gleichsam durch eine besondere Gnade der Natur.«[4] Schleiden zitiert in seinem Kapitel über die Rose als Arznei den italienischen Arzt Porta als Vollender der Signaturenlehre: »Blumen, die eine brennende Farbe haben, wie die Rose, sind Hilfsmittel gegen Entzündungen, solche, welche die Farbe des vom Wein erhitzten Gesichts haben, wie die Rose, heben die Trunkenheit auf.«[5]

»Dieweil sich nun in den Rosen widrige und vermischte Eigenschafften erzeigen, so ist es kein Wunder, daß die Rosen widrige Würckungen haben: Denn es ist in denselben eine irdische und zusammenzühende, ingleichen eine wässerige und feuchte, wiederum auch eine subtile, geistreiche und luftige Substanz verborgen. … In den Damascener-leibfarbenen und weißen Rosen sind die feuchten, luftigen und geistreichen Theilgen am meisten anzutreffen; In den rothen aber die irdischen, trocknenden, anhaltenden und heilenden.«[2]

Adam Lonicer soll hier ausführlich zu Wort kommen mit seinen Ausführungen »Von den Rosen«. Sein Kräuterbuch, aus dem dieser Abschnitt stammt, erscheint erstmals 1557 in Frankfurt und erlebt zahlreiche Auflagen bis ins 18. Jahrhundert. Lonicer gibt einen Überblick über die vielfältige Verwendung der Rose als Heilpflanze:

»Alle wilde und zahme Rosen (→ Zahme Rosen) sind kühlender und stopffender Art, und von unaussprechlichen Tugenden, in- und außerhalb des Leibes mit Nutzen zu gebrauchen; man verfertigt daraus köstliche Säfte und andere Artzneyen; daher die Alten alles, was an den Rosen ist, aufgehoben und zur Artzney gebraucht haben. Der Rosen Gebrauch ist überaus trefflich und zu vielen Dingen nütze: denn es werden Wasser, Zucker, Honig, Essig und Oel daraus gemacht. Sie sind eine köstliche Kühlung in hitzigen Fiebern, und stärcken das Hertz und das Haupt. Die Alten haben so gar den Safft aus den Rosen gedruckt, und in dem Schatten getrocknet. Im Gebrauch aber der Rosen soll man den untersten weißen Theil der Blätter, nemlich den Nagel, abpflücken und wegwerffen. Rosensafft mit Weine gesotten, benimmt das

Zahme und wilde Rose in einer Pflanze, Kupferstich in Hieronymus Bock's Kreutterbuch, 1551

Hauptweh und ist den Augen gut; das Zahnfleisch damit gewaschen, vertreibet dessen Schmerzen. Die Rosenblätter gestossen, und auf die hitzigen Geschwüre geleget, zühen die Hitze heraus. Rosensaamen gepülvert und die Zähne damit gerieben, benimmt derselben Schmerzen. Rosenknöpfe im Wasser gesotten, und davon getruncken, stillet den Bauchfluß, samt dem Blutspeyen. Also sind sie auch gut zu den Augenflüssen, darein gestrichen. Dieses Wasser getruncken, ist gut für Ohnmachten. Rosen mit Honig und Zucker vermischt, und genossen, trocknet die bösen Feuchtigkeiten des Magens. Rosenblätter in Weine gesotten, und einer Frauen gegeben, welche an heimlichen Orten nicht richtig ist, machet sie gut und hilft an der Mutter. Rosenblätter oder Rosensafft frisch mit Honig gemischt, reiniget den Menschen. Zu einem Laxativ nehmet zwey Loth Rosensafft, mischet Käsbrühe und ein Wenig Spick darunter. Auch mag man Käswasser mit zwölf Loth Rosenblättern, und ein wenig Honig vermischen, es laxieret und sänfftiget gar wohl.

Rosen mit Zucker und Honig eingemacht, stärcken und reinigen den Leib. Der Essig, in welchen über Nacht etliche Rosen gelegen, ist zu den hitzigen Gliedern sehr gut, darüber gestrichen. Aeusserlich auf den hitzigen Magen gelegt, hilft er wohl, und zühet grosse Hitze daraus. Rosensafft mit frischem Brunnenwasser getruncken, laxieret wohl, reiniget das Geblüte, sonderlich von der Galle, und benimmt die Gelbsucht. Der Safft also gebraucht, vertreibet die grosse schmerzliche Hitze ohne Schaden, und bringet dem Menschen nach dem Laxiren gute Ruhe. Die Rosen stärcken das Hertz, und machen fröliches Geblüte.« Weiter schreibt Lonicer: »Dürre Rosen mit Weine gekocht, und täglich etliche mal davon getruncken, stopffet die Bauchflüsse; Ist aber Fieber dabey, soll man sie mit Wasser kochen. Gleiche Würckung haben ihre Knöpflein, auf obgemeldete Weise bereitet. Die Steinlein, welche in den Rosenköpflein seyn, gestossen und mit Weine getruncken, sollen den Stein austreiben.«[6]

Beim Pharmazeuten Johann Schröder findet Zedler für sein Universallexikon um die Mitte des 18. Jahrhunderts »37 Arzeneien, die von den Rosen den Namen haben« und in Apotheken gebräuchlich sind. Krünitz schreibt 1819 in seiner Encyclopädie, daß die aus Rosen bereiteten Conserven und Essenzen zwar nicht mehr so häufig seien als ehemals, aber doch noch in Zusammensetzung mit anderen Mitteln gegen verschiedene Krankheiten angewendet würden. Von einem glaubwürdigen Richter wird ihm die Menge des Rosenbedarfs der Berliner Apotheken mit 1.300 Zentner frischer Blüten im Jahr angegeben.[7] Es werden die Rosa centifolia, Rosa damascena, Rosa gallica, Rosa canina und die Rosa alba verwendet. Aus der Rosa centifolia werden nach Krünitz »Rosenwasser, Rosenöl, Rosenhonig, Rosensyrob, Rosenspiritus und Rosenjulep« zubereitet.

Von der Vielfalt der Arzneien und ihrer Anwendungsbereiche ist im 20. Jahrhundert nur noch wenig aufzufinden. Volksüberlieferungen, Heilkundigen und Ärzten ist es zu verdanken, daß das Wissen um die Heilkraft der Rose bewahrt oder wiederentdeckt wird. Rudolf Hauschka hat im 20. Jahrhundert, an den Theorien Rudolf Steiners anknüpfend, Pflanzen und ihre Wirkungen auf den Menschen erforscht, darunter auch die Rose. Sie gilt als kräftigend und harmonisierend. Noch zu Lebzeiten Steiners macht sich Edward Bach in England auf die Suche nach heilkräftigen Pflanzen. Aus frischen Pflanzen, nicht aus altem getrockneten Kraut und Wurzeln, will er neue Heilmittel herstellen. Seine Überlegungen beruhen darauf, daß die Erneuerungskraft der Pflanzen in der Blüte jeder Pflanze besonders konzentriert ist. Zu Bachs Heilpflanzen gehört die Heckenrose: »In den Blüten dieser wildwachsenden Hundsrose (Rosa canina), auch Zaunrose, Hagrose oder Hagdorn genannt, entdeckte Edward Bach das Heilmittel für jene, die seelisch in Schlaf gefallen, innerlich resigniert, teilnahmslos, fatalistisch und gleichgültig geworden sind. Der sensitive Arzt empfand an den starken Schwingungen der wilden Rose jene Kräfte, die in solchen Seelen neue Lebensfreude und Interesse am Dasein erwecken können. Die seelische Passivität wird dabei in die Fähigkeit verwandelt, sich dem leitenden Prinzip, dem höheren Selbst erneut anzuvertrauen.«[8]

Apothekerflasche für Rosenwasser, Glas, 20. Jahrhundert

Schnabeltasse mit Rosenmotiv, englisches Porzellan, 20. Jahrhundert

1 Matthias Schleiden: *Die Rose – Geschichte und Symbolik,* Leipzig, 1873, Seite 186
2 Joachim Zedler: *Universallexikon,* Stichwort Rose, Leipzig und Halle, 1742, Seite 846
3 Zit. nach Joachim Zedler, ebenda, Seite 846
4 Zit. nach Matthias Schleiden, ebenda
5 Matthias Schleiden, ebenda, Seite 185
6 Adam Lonicer, Zit. nach Joachim Zedler, ebenda, Seite 847
7 Johann Georg Krünitz's *Encyclopädie,* Stichwort Rose, Berlin, 1819, Seite 146
8 Mechthild Scheffer, Wolf-Dieter Storl: *Die Seelenpflanzen des Edward Bach,* München, 1991, Seite 193

Ein Museum für die Rose

Das 1974 als Rosen- und Heimatmuseum begonnene Projekt endet mit dem Tod des ehrenamtlichen Betreuers 1985. Die Stadt Bad Nauheim besitzt nun den Grundstock einer Sammlung und das 250 qm große sanierungsbedürftige Amtshaus aus dem 18. Jahrhundert. 1986 läßt sie eine Konzeption für die Fortführung des Museums entwickeln.

Nach der neuen Konzeption soll aus dem Heimatmuseum ein nach wissenschaftlichen Gesichtspunkten aufgebautes Spezialmuseum entstehen, das, vom Rosenanbau in der Wetterau ausgehend, die Rose und ihre Bedeutung über die engere »Heimat« hinaus zum Thema hat. Das Rosenmuseum Steinfurth ist heute das weltweit einzige Museum, dessen Sammlung, Forschung und Ausstellung die Rose zum Gegenstand hat.

Bis zur Wiedereröffnung des Museums 1990 stehen neben der Umbauplanung des Hauses so zeitaufwendige Arbeiten wie Sichten und Sicherung der Bestände und das systematische Sammeln und Forschen an. Gemeinsam mit den Museumsgestaltern von projektdesign, Frankfurt, werden sachliche und ansprechende Lösungen für die neue Ausstellungsgestaltung entwickelt. Jeder der vier Räume der Dauerausstellung soll ein eigenes, dem Thema entsprechendes Ambiente erhalten und die Idee des Museums als Lernort und Musentempel aufnehmen.

Ausgangspunkt des Museumsrundganges im Erdgeschoß ist die landwirtschaftliche Spezialisierung einer ganzen Dorfgemeinschaft auf den Anbau von Rosen seit 1868.

Traditionelle Werkzeuge, Arbeitskleidung, Wachstumszyklen, Handelsformen, Verpackung und Versand, Angebot und Nachfrage und der Markt werden vorgestellt. Eine »Shaker-Leiste« ist zentrales Gestaltungselement. Sie dient hier, wie bei der gleichnamigen amerikanischen Sekte, zum Aufhängen aller für die tägliche Arbeit benötigten Arbeitsgeräte und – im Rosenmuseum – als Träger der Informationstafeln.

Die Darstellung umfaßt den Zeitraum 1868 bis 1950. Erst dann beginnt die Technifizierung des Rosenanbaues. Zwei Videofilme zeigen den Rosenanbau

Signet des Rosenmuseums Steinfurth

Museumseröffnung, Foto, 1990

»Der Rosenanbau«, Foto, 1990

vor und nach dem Einzug des technischen Fortschritts.

Der Nachbarraum stellt das Rosenfest vor, es gehört zu den beliebtesten Volksfesten Hessens und bestimmt noch heute Leben und Arbeiten im Dorf. Am Ende des Festes schließt sich fast nahtlos der Beginn der Vorbereitungen für das nächste an. In der Dokumentation der wechselnden Formen des Rosenfestes entfaltet sich eine Stilgeschichte des sich wandelnden dörflichen Lebens. Auf frei im Raum stehenden Ausstellungsträgern wird das Thema, chronologisch geordnet, präsentiert. Die Ausstattung einer Rosenkönigin von 1962 und eine Schießbude mit Papierrosen schaffen zwischen den dichtgedrängten Objekten und Informationen die Atmosphäre, die auch in der Enge des Festes herrscht. Exponate auswärtiger Rosenfeste werden an den Wänden präsentiert. Anhand von Plakaten, Fotos, Eintrittskarten, Entwurfszeichnungen, Dankschreiben von Bundes- und Landespolitikern und anhand von Liebesbriefen an die Rosenkönigin können sich Besucher ein Bild dieses Festes machen.

Im Obergeschoß des Museums kommen die Rosenfans auf ihre Kosten. Rosenpoesie, Musik und Rosenduft stimmen ein auf fünf symbolische Bedeutungen der Rose. Sinnbild der Liebe, der Vergänglichkeit, der Verschwiegenheit, ihre zahlreichen Bedeutungen in den Religionen und ihre Gleichsetzung mit dem Weiblichen sind Themen dieses Raumes. Hier verkehrt sich das Sprichwort »Man kann nicht immer auf Rosen gehen« in sein Gegenteil – ein Rosenkranz, auf den Boden gemalt, prägt den kontemplativen Charakter. Rosengedichte an den Wänden regen zur Lektüre in der Leseecke an.

Der vierte Raum eröffnet den Blick auf die Rose im Alltag. Es gibt kaum einen Gegenstand in unserem täglichen Leben, der sich nicht irgendwann einmal mit einer Rose geschmückt sah. Ob Seife, Waschlappen, Textilien, Tapeten oder Porzellan, Rosendekore sind allgegenwärtig. Die Exponate der wichtigsten Produkt- und Stilgruppen sind dort ausgestellt. Die Bedeutung der Rose in Heilkunst, Küche und Kosmetik wird dargestellt.

Zwei wandgroße »Setzkästen« dienen als Vitrinen in diesem Rosenkosmos. Texte zeugen von der sich wandelnden, aber stets sehr sinnlichen Präsenz der Rose. Rosenöle können geschnuppert werden.

Der Gewölbekeller dient als Veranstaltungs- und Vorführraum. Videofilme, die Fachbibliothek, ein museumspädagogisches Programm, ein Veranstaltungsprogramm und nicht zuletzt dieser Katalog ergänzen die Dauerpräsentation im Rosenmuseum.

Im Rahmen einer Erweiterung des Museums wird ein Sonderausstellungsraum, ein Rosengarten und eine Cafeteria realisiert.

»Rose im Alltag«, Foto, 1990

NACHTIGALL UND ROSE

»Jeder, der persische Poesie gelesen hat – sei es auch nur in Übersetzung –, kennt die Nachtigall, die sich nach der Rose sehnt: das ist, in mystischer Sprache, die Seele, die sich nach der ewigen Schönheit sehnt, wie Ruzbihan es definiert hatte. Die Nachtigall wiederholt unermüdlich das Lob der Rose; sie spricht von ihrem Sehnen, singt Hymnen vom „Koran der Rose" (d. h. den Blütenblättern), erleidet ohne Klage den Stich der Dornen.«[1]

In der persisch-sufischen Dichtung wird die Rose als doppelgesichtiges Symbol himmlischer und irdischer Liebe gedeutet. »Auch das profanste Gedicht, das die Liebe zwischen Nachtigall und Rose preist, ist zugleich eine Allegorie des liebenden Verlangens der – bei vielen Völkern als Vogel aufgefaßten – Seele zu Gott.«[2]

Annemarie Schimmel schreibt in den mystischen Dimensionen des Islams: »Es war auch Ruzbihan Baqli, der die prophetische Überlieferung hervorhob, derzufolge Muhammad erklärte, daß die rote Rose die Manifestation von Gottes Glorie sei. Er gab damit der Rose – geliebt von den Dichtern in aller Welt – die Sanktion religiöser Erfahrung. Seine Vision von Gott ist die Vision von Rosenwolken, wo die göttliche Gegenwart als herrliche rote Rose strahlt. Da diese Blume die göttliche Schönheit und Glorie am vollkommensten darstellt, ist die Nachtigall, das Symbol der sehnsüchtigen Seele für alle Zeiten, verpflichtet, sie zu lieben – und die zahllosen Rosen und Nachtigallen tragen wissentlich oder unwissentlich diese metaphysische Erfahrung des Seelenvogels und der göttlichen Rose mit sich.«[3]

Hammer-Purgstall hält die Dichtung von der Liebe der Nachtigall zur Rose für eines der ältesten und zartesten Mythen der persischen Poesie. 1258 hatte der Dichterscheich Sa'di seinen »Golestan« »Rosengarten« fertiggestellt, 1317 schrieb Scheich Mahmud Sabestari sein »Golan-e raz«, den »Rosenflor des Geheimnisses«, beides Kompendien islamischer Mystik mit umfangreicher symbolischer Terminologie. Der türkische Dichter Lufti griff das persische Gül-Bül-Märchenmotiv auf und verarbeitete es zu der Verserzählung »Gül u Navruz«, 140 Jahre bevor der osmanisch-türkische Dichter Quara Fazli eine im Stil des »Roman de la Rose« verfaßte Allegorie »Gül u Bülbül« schrieb.[4] (→ ROSENROMAN)

»Das Rose-Nachtigall-Motiv illustriert einmal mehr die Tendenz, Blumen als charakteristisch weibliche, Tiere hingegen als männliche Symbole aufzufassen. Dem weiblichen Rollenklischee entspricht die Standortgebundenheit und passives Angesehen- oder Gebrochen-Werden, dem männlichen Ungebundenheit und aktives Ansehen, Besingen oder Pflücken der Geliebten.«[5]

In der abendländischen Literatur hat Oscar Wilde in seinem Kunstmärchen »Die Nachtigall und die Rose«, das 1888 erschien, das Thema bearbeitet.

Nachtigall und Rose, Zeichnung nach einem Motiv auf einem persischen Seidenstoff der Safawidenzeit

1 Annemarie Schimmel: *Mystische Dimensionen des Islam*, 1985
2 Gerd Heinz-Mohr, Volker Sommer: *Die Rose – Entfaltung eines Symbols*, München, 1988, S. 103
3 Annemarie Schimmel, ebenda, S. 423
4 Gerd Heinz-Mohr, Volker Sommer, ebenda, S. 106 und 104
5 Gerd Heinz-Mohr, Volker Sommer, ebenda, S. 104
6 Oscar Wilde: *Die Nachtigall und die Rose*, Zürich, 1985

Die Nachtigall und die Rose[6]

»Sie würde mit mir tanzen, sagte sie, wenn ich ihr rote Rosen brächte«, rief der junge Student; »aber in meinem Garten gibt es nicht eine einzige rote Rose.« Die Nachtigall, die in ihrem Nest in der Steineiche saß, hörte dies, blickte durch die Blätter und wunderte sich. »Nicht eine einzige rote Rose ist in meinem Garten!« rief er, und seine schönen Augen füllten sich mit Tränen. »Ach, von welch kleinen Dingen hängt doch das Glück ab! Ich habe alles gelesen, was die Weisen geschrieben, und alle Geheimnisse der Philosophie sind mein; aber eine einzige rote Rose, die ich brauche und nicht finde, macht mein Leben elend.« »Endlich ein wahrer Liebender«, sagte die Nachtigall. »Nacht für Nacht sang ich von ihm, den ich nicht kannte: Nacht für Nacht sang ich seine Geschichte in die Sterne, und nun sehe ich ihn. Sein Haar ist dunkel wie die Hyazinthenblüte, und seine Lippen sind rot wie die Rose seiner Sehnsucht; aber die Leidenschaft macht sein Gesicht bleich wie Elfenbein, und die Sorge drückt ihr Siegel auf seine Stirn.« »Der Prinz gibt morgen abend einen Ball«, flüsterte der Student, »und meine Liebste wird dort sein. Bring ich ihr die rote Rose, wird sie mit mir tanzen, bis der Morgen graut. Bring ich ihr die rote Rose, werde ich sie in den Armen halten, ihren Kopf wird sie an meine Schulter lehnen, und ihre Hand wird die meine umfassen. Aber es blüht keine rote Rose in meinem Garten; so muß ich einsam sein, und sie wird an mir vorübergehn. Sie wird mich nicht beachten, und mein Herz wird brechen.« »Wirklich ein wahrer Liebhaber«, wiederholte die Nachtigall. »Er leidet, was ich singe; für mich ist's Freude, für ihn Pein. Oh sicher, Liebe ist etwas Wundervolles, edler als Smaragde und lieblicher als schillernder Opal. Perlen und Granate können sie nicht erkaufen, kein Markt bietet sie feil. Von keinem Kaufmann kann sie erworben, mit keinem Gold aufgewogen werden.« »Die Musikanten werden auf ihrem Podium sitzen und auf ihren Geigen spielen«, sagte der Student. »Meine Liebste wird zum Klange der Harfe und Geige tanzen. Oh, sie wird so leicht dahinschweben, daß ihr Fuß kaum den Boden berührt, und die Höflinge in ihren bunten Gewändern werden um sie sein. Mit mir aber wird sie nicht tanzen, denn ich habe nicht die rote Rose für sie.« Und er warf sich ins Gras, vergrub sein Gesicht in den Händen und weinte. »Warum weint er?« fragte die kleine grüne Eidechse, die mit schlängelndem Schwanz an ihm vorbeilief. »Ja warum?« sagte der Schmetterling, der nach einem Sonnenstrahl umherschaukelte. »Ja warum?« wisperte das Maßliebchen zu seiner Nachbarin. »Er weint um eine rote Rose«, sagte die Nachtigall. »Um eine rote Rose«, riefen sie, »wie lächerlich!« Und die kleine Eidechse, die immer ein wenig zynisch war, lachte laut auf. Die Nachtigall aber verstand das Geheimnis dieses Kummers; sie saß schweigend in der Eiche und dachte über die Liebe nach. Plötzlich breitete sie ihre Flügel aus und schwang sich in die Nacht. Sie durchstreifte den Hain wie ein Schatten, und wie ein Schatten schwebte sie über dem Garten. Inmitten des Rasens stand ein schöner Rosenstrauch, und als die Nachtigall ihn sah, flog sie drauf zu und setzte sich auf einen Zweig. »Schenk mir eine rote Rose«, rief sie, »und ich sing dir mein lieblichstes Lied.« Aber der Rosenstrauch schüttelte den Kopf. »Meine Rosen sind weiß«, antwortete er, »so weiß wie der Gischt des Meers und weißer als der Schnee auf den Bergen. Doch flieg zu meinem Bruder, der um die alte Sonnenuhr wächst; vielleicht gibt er dir, was du wünschst.« So flog die Nachtigall hinüber zum Rosenbusch, der um die alte Sonnenuhr wuchs. »Schenk mir eine rote Rose«, rief sie, »und ich sing dir mein lieblichstes Lied.« Doch der Rosenbusch schüttelte seinen Kopf. »Meine Rosen sind gelb«, erwiderte er, »gelb wie das Haar der Nixe, die auf dem Bernsteinthrone sitzt, und gelber noch als die Narzisse, die auf der Wiese blüht, bis der Schnitter mit seiner Sense kommt. Aber flieg zu meinem Bruder, der unterm Fenster des Studenten wächst, vielleicht gibt er dir, was du wünschst.« So flog die Nachtigall hinüber zum Rosenstrauch, der unterm Fenster des Studenten wuchs. »Schenk mir eine rote Rose«, rief sie, »und ich sing dir mein lieblichstes Lied.« Doch der Rosenstrauch schüttelte den Kopf. »Meine Rosen sind zwar rot«, erwiderte er, »rot wie die Füße der Taube und röter noch als die weiten Korallenfächer, die unter der Wölbung des Meeres wogen und wogen. Doch der Winter ließ meine Adern erstarren; der Frost tötete meine Knospen, und der Sturm knickte meine Zweige; in diesem Jahr werde ich keine Rosen mehr tragen.« »Eine einzige rote Rose will ich«, rief die Nachtigall, »nur eine einzige rote Rose! Weißt du denn nicht, wo ich sie finden und wie ich sie gewinnen kann?« – »Es gibt wohl eine Möglichkeit« sprach der Rosenstrauch, »aber sie ist so schrecklich, daß ich sie dir nicht zu sagen wage.« »Sprich doch«, sagte die Nachtigall, »ich fürchte mich nicht.« »Wünschst du eine rote Rose, so mußt du sie im Mondlicht formen aus Gesang und röten mit deinem Herzblut. Mit einem Dorn in der Brust mußt du für mich singen, singen die ganze Nacht, und der Dorn muß dein Herz durchbohren; dein Blut muß in meine Adern fließen und mein Blut werden.« »Der Tod ist ein hoher Preis für eine rote Rose«, klagte die Nachtigall, »und jeder liebt das Leben. Herrlich ist es, in den grünen Wäldern zu sitzen, den goldenen Sonnenwagen zu schauen und die Perlengondel des Monds. Süß ist der Duft des Weißdorns, und süß sind die Glockenblumen, die im Tal sich verbergen, und das Heidekraut, das am Hügel blüht. Doch mehr als das Leben ist die Liebe, und was ist schon das Herz eines Vogels gegen ein Menschenherz?« So breitete sie die braunen Flügel aus und erhob sich in die Luft. Sie strich wie ein Schatten über den Garten, und wie ein Schatten schwebte sie über den Hain. Der junge Student lag noch immer im Gras, wie sie ihn verlassen hatte, und die Tränen in seinen schönen Augen waren noch nicht versiegt. »Sei fröhlich«, rief die Nachtigall, »sei fröhlich; du sollst deine rote Rose bekommen! Im Mondschein will ich sie formen aus meinem Gesang und röten mit meinem Blut – ich fordere nur, daß du ein wahrer Liebender bleibst, denn die Liebe ist weiser als Philosophie, so weise sie auch ist, und mächtiger als die Macht, so mächtig sie auch sein mag. Flammenfarben sind ihre Flügel, und von der Farbe der Flamme ist ihr Leib. Ihre Lippen sind süß wie Honig, und ihr Atem ist wie Weihrauch.« Der Student schaute vom Grase auf und lauschte; aber er verstand nicht, was die Nachtigall sang; denn er wußte nur, was in Büchern geschrieben stand. Doch die Eiche verstand es, und sie war traurig, denn sie liebte die kleine Sängerin, die ihr Nest in ihren Zweigen hatte. »Sing mir ein letztes Lied«, flüsterte sie, »ich werde sehr einsam sein, wenn du fort bist.« So sang denn die Nachtigall der Eiche ein Lied, und ihre Stimme war wie der Wasserstrahl, der aus silbernem Gefäße perlt. Als sie ihren Gesang geendet, erhob sich der Student und entnahm seiner Tasche Notizbuch und Bleistift. »Sie hat einen herrlichen Ton«, sprach er zu sich selber, als er durch den Hain hinwegging, »das kann man nicht leugnen. Doch besitzt sie auch Gefühl? Ich fürchte nein. Sie ist eben wie die meisten Künstler. Alles ist Stil an ihr ohne Ernsthaftigkeit. Sie würde sich nicht für andere opfern. Sie denkt nur an die Musik, und jeder weiß doch, daß die Kunst selbstsüchtig ist. Und doch muß man zugeben, daß ihre Stimme oft herrlich klingt. Schade, schade, daß der Klang so wenig Sinn hat und keinen praktischen Wert besitzt.« Und er ging in sein Zimmer, legte sich auf das Strohbett und dachte an seine Liebe. Nach einer Weile schlief er ein. Als der Mond am Himmel leuchtete, flog die Nachtigall zum Rosenstrauch und stach den Dorn in ihre Brust. Sie sang, den Dorn in ihrer Brust, die lange Nacht hindurch, und der Mond, der kristallne kalte, neigte sich herab und lauschte. Die ganze lange Nacht hindurch sang sie; immer tiefer drang der Dorn der Rose in ihre Brust, und ihr Blut verrann. Zuerst sang sie vom Erwachen der Liebe im Herzen eines Jünglings und eines Mädchens. Und an der höchsten Spitze des Rosenstrauchs erblühte eine herrliche Rose, ein Blütenblatt folgte dem andern, wie ein Lied dem andern folgte. Noch war die Rose fahl wie der Nebel, der überm Flusse hing – fahl wie die Fußspitzen des Morgens und silbern schon wie die Flügel des erwachenden Tages. Wie das Bild einer Rose im Silberspiegel, wie das Bild einer Rose im Spiegel des Teiches, so war die Rose, die auf der höchsten Spitze des Rosenstrauchs sich entfaltete. Doch der Strauch mahnte die Nachtigall, den Dorn tiefer in die Brust zu stechen. »Viel fester, kleine Nachtigall«, rief er, »oder der Tag kommt, noch ehe die Rose vollendet ist.« Die Nachtigall preßte den Dorn tiefer in die Brust hinein, und immer lauter wurde ihr Lied, als sie von der keimenden Leidenschaft in der Seele eines Mannes und einer Jungfrau sang. Ein zarter rötlicher Hauch überzog die Blüte wie das Antlitz des Bräutigams, der die Lippen der Braut küßt. Noch aber hatte der Rosendorn nicht das Herz der Nachtigall erreicht, so daß der Rose Herz noch weiß war; denn nur das Herzblut der Nachtigall kann das Herz einer Rose röten. Und nochmals mahnte der Strauch die Nachtigall, den Dorn tiefer zu stechen. »Viel fester, kleine Nachtigall«, rief er, »oder der Tag kommt, noch ehe die Rose vollendet ist.« Noch tiefer trieb die Nachtigall den Rosendorn in ihre Brust, und er berührte ihr Herz; wilder Schmerz durchzuckte sie. Bitter, bitter war der Schmerz, und wilder, immer wilder wurde ihr Lied, denn nun sang sie von der Liebe, die sich vollendet im Tode und unsterblich bleibt über das Grab hinaus. Und die Rose rötete sich herrlich wie die Rose am östlichen Himmel. Dunkelrot war der Kelch der Blüte und wie ein Rubin glühend ihr Herz. Der Nachtigall Stimme aber verlor sich, ihre kleinen Flügel begannen zu flattern, und ein Schleier bedeckte die Augen. Leiser, immer leiser wurde ihr Lied, und enger schnürte sich ihre Kehle. Da brach noch einmal die Flut der Töne hervor. Der weiße Mond hörte es; er dachte nicht mehr an den Morgen und säumte auf seiner Bahn. Die rote Rose hörte das Lied, zitterte vor Entzücken, und ganz öffnete sich ihre Blüte in die kalte Morgenluft. Das Echo trug es zu seiner purpurnen Wohnung in den Hügeln und weckte die schlafenden Hirten aus ihren Träumen. Es wehte durchs Schilfrohr am Fluß, und das Schilf gab die Botschaft weiter dem Meer zu. »Sieh doch, sieh!«, rief der Rosenstrauch. »Die Rose ist vollendet.« Aber die Nachtigall gab keine Antwort; sie lag tot im hohen Gras, den Rosendorn im Herzen. Als der Mittag kam, öffnete der Student sein Fenster und blickte hinaus. »Oh! Welch unermeßliches Glück«, rief er, »eine rote Rose! Mein Leben lang habe ich noch keine Rose gesehen wie diese. Sie ist so schön, daß sie wohl einen langen lateinischen Namen hat.« Er beugte sich aus seinem Fenster und brach sie ab. Dann setzte er seinem Hut auf und lief, die Rose in seiner Hand, zum Haus des Professors. Die Tochter des Professors saß gerade in der Laube und wickelte blaue Seide auf eine Spule; ihr kleiner Hund lag zu ihren Füßen. »Sie sagten«, rief der Student, »Sie würden mit mir tanzen, wenn ich Ihnen eine rote Rose brächte! Hier ist die röteste Rose der Welt. Sie werden sie heute abend am Herzen tragen, und während wir tanzen, wird sie erzählen, wie sehr ich Sie liebe.« Doch das Mädchen zog die Stirn in Falten. »Ich fürchte, sie wird nicht zu meinem Kleid passen«, antwortete sie, »und außerdem ließ mir des Kammerherrn Neffe echte Edelsteine überbringen. Und alle wissen doch, daß Edelsteine teurer sind als Blumen.« »Oh, Sie sind undankbar, sehr undankbar«, sagte der Student zornig und warf die Rose auf die Straße. Sie fiel in den Rinnstein, und das Rad eines Wagens rollte über sie hin. »Undankbar?«, sagte das Mädchen. »Ich glaube, Sie sind sehr ungezogen! Wer sind Sie denn schon? Ein kleiner Student. Ich glaube nicht, mein Herr, daß Sie Silberschnallen an Ihren Schuhen haben wie des Kammerherrn Neffe.« Und sie stand von ihrem Stuhl auf und ging in das Haus. »Was für eine alberne Angelegenheit ist doch die Liebe«, sagte der Student im Weggehn. »Sie ist nicht halb so nützlich wie die Logik, denn mit ihr läßt sich nichts beweisen. Sie erzählt immer von Dingen, die niemals geschehen, sie macht einen glauben, was nie wahr sein wird. Wirklich – sie ist nicht brauchbar. Ich will wieder Philosophie studieren und Metaphysik. Heutzutage achtet man nur den, der praktisch zu sein weiß.« Er kehrte in sein Zimmer zurück, zog ein staubiges dickes Buch hervor und begann zu lesen.

Rosennamen

Unter den fast dreißigtausend Rosen verstecken sich auch heute noch die, die unter drei oder vier verschiedenen Namen auf dem Markt sind und häufig in verschiedenen Ländern unterschiedliche Namen bekommen.

Seit Anfang des 19. Jahrhunderts folgt die Namensgebung verschiedenen Moden. Im 19. Jahrhundert sind französische Namen en vogue wie etwa »Souvenir de la Malmaison«, »Boule de neige«, »Felicité et Perpetue« oder »Souvenir de l'exposition de Darmstadt«. (→ Farben)

Oft ist es der englische oder französische Adel, dem die Rosen gewidmet werden, wie der »Prince Camille de Rohan« oder die »Duchess of Edinburgh« oder »Princess Mary of Cambridge«.

Häufig sind es aber auch die Orte, an denen sich wohlhabende Rosenliebhaber aufhalten, die der Rose zum Namen verhelfen, wie »Souvenir de la Malmaison«, »Souvenir de Spa« und »Gloire de Dijon«. »Gruß an Berlin«, »Coburg« oder »Teplitz« sind deutsche Varianten der ortsbezogenen Rosennamen, auch »Ruhm von Steinfurth« gehört dazu.

Allen Lacy schreibt in seinem Rosenbuch: »Die Rosennamen aus der Zeit nach dem Zweiten Weltkrieg verweisen auf eine intensive Beschäftigung mit der populären Kultur, mit ihren Freizeitbeschäftigungen und Berühmtheiten«.[1]

Die Trends der Namensgebung in der Nachkriegszeit führen in die Welt der Mode, und sie machen die Wertschätzung alkoholischer Getränke sogar im Rosengarten sichtbar: »Whisky«, »Brandy«, »Cocktail«, »Glennfiddich« heißen die Rosen.

Einige Stars und Sternchen tauchen unter den Rosennamen auf wie Ingrid Bergman, Josephine Bruce, Nana Mouskouri und Lolita. Aber unmittelbar neben Rosennamen, die auch ein kindliches Publikum ansprechen, wie »Dornröschen«, »Schneewittchen« und »Astrid Lindgren«, schrecken die Rosenzüchter 1953 vor einer Rose mit dem Namen »Atombombe« nicht zurück. (→ Qualitätssiegel)

Das Wort »ward« in arabischer Zierschrift

Rose in den Sprachen der Welt

Rosentaufe der Rose »Atlanta« durch die Steinfurther Rosenkönigin Svenja Steinhauer, Namensgeberin ist die Tochter der Fernsehjournalistin Michaela Scherenberg (links), rechts im Bild Helmut Steinhauer, Geschäftsführer der Rosen-Union, und ein Kameramann des HR, Foto, 1991

1 Allen Lacy: *Die Welt der Rose*, Köln, 1991, Seite 117

Rosenöl

Das ätherische Rosenöl ist der Grundstoff fast aller Zubereitungen mit Rosen, es wird heute mit Wasserdampf destilliert und löst die vor allem in Bulgarien übliche Form über Feuer ab, die Kanitz Ende des 19. Jahrhunderts in Wort und Bild so beschreibt:

»Auf kleinem Umwege gelangte ich nach einer anmutigen Lehne, an deren schattigem Hange ich zu meinem nicht geringen Erstaunen einen Geistlichen in bester Harmonie mit einem alten Türken bei der Destillation von Rosenöl beschäftigt fand. Es war eine Szene, wie sie nicht leicht freundlicher gedacht werden kann. Eben hatte des Popen Töchterlein prächtig duftendes Rosenmaterial in Körben für den bereits geheizten Kessel herbeigebracht, dessen Rohr durch einen Kühlbottich lief. Ein munter plätschernder Quell füllte ihn fortwährend mit frischem Wasser, daneben standen Flaschen, in welche der Türke die abgeschöpfte fette, wohlriechende Essenz durch einen Trichter mit kaum sichtbarer Oeffnung träufeln ließ.«[1]

Destilliert werden hauptsächlich die rosa damascena trigintipetala (Bulgarien), die rosa alba (in Bulgarien zur Umgrenzung der Felder angepflanzt) und die rosa centifolia.

Rosenöldestillation in Bulgarien, Holzschnitt nach Kanitz, aus: Illustrierte Zeitung, 19. Jahrhundert

Hauptanbaugebiete sind Bulgarien, Frankreich, Marokko, die GUS-Staaten und die Türkei. Die Kultur hat sich von Persien und Indien nach Westen ausgebreitet.

Aus 3.000–5.000 Kilogramm Rosenblüten läßt sich ein Kilo ätherisches Rosenöl gewinnen. Das ist der Ertrag von einem mit Rosen bepflanzten Hektar Land. Die Blüten werden in den frühen Morgenstunden gepflückt und sofort verarbeitet, andernfalls nehmen Luftfeuchtigkeit und Tau einen Teil des wasserlöslichen ätherischen Öles auf.

Rosenöl ist ein begrenzter Rohstoff. Jährlich werden weltweit 13.000 Kilogramm hergestellt. Ein Kilo kostet etwa 16.000 DM. Besonders beliebt sind deswegen gefälschte Rosenöle. Unsere Vorfahren, deren Vertrauen in ausländisches Rosenöl nicht groß war, begannen ab 1883 eigenes Rosenöl zu gewinnen: in Leipzig und kurze Zeit später in Steinfurth. In der Rosen-Zeitung 1892 wird auch über den Anbau von Ölrosen in Uechteritz bei Weissenfels a. d. S. berichtet.

Steinfurth gilt als das Kazanlik des Westens. Zu den Versuchen der Brüder Schultheis, ihre Rosenkulturen über die Klippen wirtschaftlich unsicherer Zeiten zu bringen, gehörte neben dem Verkauf getrockneter Rosenblütenblätter an einen Schnupftabakfabrikanten die Destillation von Rosenöl.

Schultheis schreibt dazu 1889 in seinem Rosenbuch: »Die Destillationskessel sind aus Kupfer und durch weitlöchrige Kupfersiebe in verschiedene Abteilungen geschieden. Auf das unterste Sieb kommen circa 25 cm hoch Rosenblätter zu liegen;

Frauen sortieren Rosen in Grasse, französischer Holzschnitt, aus: Illustrierte Zeitung, nach 1875

jetzt wird das zweite Sieb, welches vier Füße von circa 20 cm Länge hat, darüber, hierauf wieder eine Lage Rosenblätter und so fort, bis der Kessel gefüllt ist. Nun wird die Haube aufgesetzt und dicht geschlossen. Das Ausziehen der Rosenblätter wird durch Dampf bewerkstelligt, mit etwa 3 Athmosphären Druck . . .«[2]

Trotz der Schultheisschen Schilderungen im »Deutschen Rosenbuch« und der »Deutschen Rosen-Zeitung« wissen wir heute kaum noch etwas über Produktionsmengen und die Umstände, unter denen die Produktion von Rosenöl in Steinfurth stattfand. Besser sind die Verhältnisse der Firma Schimmel in Miltitz dokumentiert: 1884 werden dort drei Kilogramm Rosenöl destilliert. E. Gildemeister und F. Hoffmann geben das Standardwerk »Die ätherischen Öle« heraus, die bis heute in mehreren Auflagen erschienene »Bibel« der Parfümeure.[3]

Unter den deutschen Rosenbauern entsteht eine heftige Diskussion über »Die Oelrosenkultur als Erwerbsquelle für Landwirte«, die in der Rosen-Zeitung zwischen 1890 und 1892 geführt wird.

Rosenernte in Bulgarien, Holzschnitt, aus: Illustrierte Zeitung, 19. Jahrhundert

1 Rosen-Zeitung, Nr. 6, 1890
2 Rosenfirma Gebrüder Schultheis: *Deutsches Rosenbuch*, Steinfurth, 1889
3 E. Gildemeister und F. Hoffmann: *Die ätherischen Öle*, Miltitz bei Leipzig, 1929

Orientalische Märchen

Gülilah oder die Rosengleiche ist der Name der weiblichen Hauptperson im türkischen Nomadenmärchen »Der Rosenbey«. Ein Rosenbusch wird zum Zufluchtsort für Gülilah. Im Innern des Rosenbusches ist sie aufgehoben und beschützt, hier kann sie mit ihrer verstorbenen Mutter Verbindung aufnehmen. Später zieht sie sich in diesen Rosenbusch zurück, um ihren Bräutigam – den Rosenbey – zu prüfen.[1] Das Märchen hat Elsa Sophia von Kamphoevener zu Beginn des 20. Jahrhunderts, als Mann verkleidet, an türkischen Nomadenlagerfeuern gehört und aufgeschrieben. Sie hat uns neben dem »Rosenbey« in ihrer »Sammlung von Märchen und Geschichten alttürkischer Nomaden« die anatolische Hirtenerzählung »Der Vertrocknete Rosenstrauch« überliefert und das Herz der Leser für die fremden Sitten und Gebräuche der Türken aufgeschlossen.[2]

Ihre Märchen waren Anlaß, bekannte Rosenmärchen zu lesen und nach weiteren zu suchen.

Neben dem »Dornröschen« sammelten die Brüder Grimm ein weiteres »Rosenmärchen«: »Schneeweißchen und Rosenrot«. Auch dies ein Märchen voll tiefer Symbolik. Denn die Rosenbäumchen vor dem Haus der Mädchen sind weiß und rot und damit Symbol der reinen (keuschen) Liebe und der irdischen (blutigen) Liebe. (→ Lilie und Rose)

Bei näherer Untersuchung zeigt sich, »wie viele unserer Grimmschen Märchen fraglos auf orientalische Quellen zurückgehen; die Zahl der Wandermärchen und Legenden ist größer, als man gemeinhin denkt«.[3]

Seitdem die Märchen aus 1001 Nacht ab 1689 dem französisch lesenden Publikum zugänglich gemacht wurden, ist das Orientbild des Abendländers bis heute von ihnen beeinflußt. »Zahllose Dichter haben seither aus diesem Brunnen geschöpft, in welchem viele Quellen zusammenfließen, und das Wasser ballte sich in ihnen zu Märchen, zu Epen, zu Gedichten – von Wielands Feenmärchen angefangen über Platen bis hin zu Hofmannsthal.«[4]

Zahlreiche orientalische Motive finden sich bei Hans Christian Andersen, etwa wenn die Flammen des Scheiterhaufens, auf dem das Mädchen Eliza in »Die zwölf Schwäne« verbrannt werden soll, sich in Rosen verwandeln. Andersen greift hier eine alte orientalische Gleichsetzung von Rosen mit Feuer auf, wie sie zum Beispiel in der Auslegung der koranischen Geschichte Ibrahims (Abrahams) zu finden ist. »Der Koran sagt (Sura 21/69), daß das Feuer „kühl und angenehm“ für Ibrahim gemacht wurde, und aus dieser Formulierung haben die Dichter das Bild von Ibrahims Rosengarten entwickelt: der wahrhaft Fromme und Liebende empfindet selbst in der größten Qual nur Seligkeit, weil er ganz in Gott lebt.«[5]

In Andersens Märchen »Eine Rose vom Grabe Homers« steht die Begegnung eines Dichters mit den kulturellen Zeugnissen von Antike und Orient im Mittelpunkt.[6]

Homers »Ilias« und die Rose symbolisieren in Andersens Märchen das Buch. »Die Centifolia gleicht einem hundertblättrigem Buch, auf dessen Blättern die Geheimnisse der Liebe und Sehnsucht, Lieder und Verse, stehen, und wenn die Nachtigallen singen, so scheinen sie ihre Weisen und Worte von den Blättern der Rose zu lesen – Worte, die weit über das hinausgehen, was man in gelehrten wissenschaftlichen oder theologischen Werken finden kann.«[7]

»Die Blumen der kleinen Ida«, »Der Rosenelf«, »Die Schnecke und der Rosenstrauch« und »Die herrlichste Rose der Welt« belegen Andersens ausführliche Beschäftigung mit der Rose als Symbol der orientalischen Kultur, darüber hinaus legen seine Märchen beredtes Zeugnis ab von der »Beseelung« der Natur. Nachts erwacht das ganze Pflanzenreich zum Leben: ». . . eine große Menge wunderschöner Blumen kam hereingetanzt. (. . .) Allen voran gingen zwei herrliche Rosen, und die hatten goldene Krönchen auf, das waren ein König und eine Königin, dann kamen die reizendsten Levkojen und Nelken, und die grüßten nach allen Seiten. Sie hatten Musik mit dabei, große Mohnblumen und Päonien bliesen auf Erbsenschoten, so daß sie ganz rote Köpfe hatten. Die blauen Glockenblumen und die weißen Schneeglöckchen läuteten, als hätten sie Schellen um. Es war eine lustige Musik. Dann kamen sehr viele andere Blumen, und die tanzten alle miteinander, die blauen Veilchen, die roten Maßliebchen, die Gänseblümchen und die Maiglöckchen. Und alle Blumen küßten sich, es war lieblich anzuschauen.«[8] Grandville schuf die Bilder zu diesen Blumenfesten und Gustav Theodor Fechner beschäftigte sich als Wissenschaftler mit dem Seelenleben der Pflanzen.[9] (→ Grandville)

1 Elsa Sophia von Kamphoevener: *An Nachtfeuern der Karawan-Serail,* Hamburg, 1956
2 Elsa Sophia von Kamphoevener: *Anatolische Hirtenlegenden,* Hamburg, 1979
3 Annemarie Schimmel: *Orientalische Dichtung,* Bremen, 1963, Seite 9
4 Annemarie Schimmel, ebenda, Seite 18
5 Annemarie Schimmel: *Die Rose,* Schriftenreihe Rosenmuseum Steinfurth, 1991, Seite 26
6 Hans Christian Andersen: *Eine Rose vom Grabe Homers,* Zürich, 1985
7 Annemarie Schimmel: *Die Rose,* Schriftenreihe Rosenmuseum, 1991, Seite 32
8 Hans Christian Andersen: *Die Blumen der kleinen Ida,* Zürich, 1985, Seite 45
9 Gustav Theodor Fechner: *Nanna oder über das Seelenleben der Pflanzen,* Leipzig, 1848

Eine Rose vom Grabe Homers

Alle Lieder des Orients singen von der Liebe der Nachtigall zur Rose; in den schweigenden, sternklaren Nächten bringt der geflügelte Sänger seiner duftenden Blüte ein Ständchen. (→ Nachtigall und Rose)

Nicht weit von Smyrna, unter den hohen Platanen, wo der Kaufmann seine beladenen Kamele dahintreibt, die stolz ihren langen Hals emporheben und schwerfällig über einen Boden gehen, der heilig ist, sah ich einen blühenden Rosenstrauch, wilde Tauben flogen zwischen den Zweigen der hohen Bäume ein und aus, und die Flügel der Tauben glänzten, wenn ein Sonnenstrahl darüberglitt, so als wären sie aus Perlmutter.

An dem Rosenstrauch war eine Blüte unter allen die schönste, und dieser sang die Nachtigall von dem Schmerz ihrer Liebe, aber die Rose war stumm, nicht ein Tautropfen lag wie eine mitleidige Träne auf ihren Blättern, sie neigte sich mit dem Zweig über einige große Steine.

»Hier ruht der größte Sänger der Welt«, sagte die Rose. »Über seinem Grabe will ich duften, über ihn will ich meine Blütenblätter streuen, wenn der Sturm sie abreißt! Der Sänger der Ilias wurde Erde von dieser Erde, aus der ich sprieße! – Ich, eine Rose vom Grabe Homers, bin zu heilig, um für die armselige Nachtigall zu blühen!« Und die Nachtigall kam und sang sich zu Tode.

Der Kameltreiber kam mit seinen beladenen Kamelen und seinen schwarzen Sklaven, sein Sohn fand den toten Vogel, den kleinen Sänger beerdigte er in dem Grabe des großen Homer, und die Rose bebte im Winde. Der Abend kam, die Rose faltete ihre Blätter dichter zusammen und träumte, daß es ein schöner sonniger Tag war; eine Schar fremder fränkischer Männer kam, eine Pilgerfahrt hatten sie zum Grabe Homers gemacht; unter den Fremden war ein Sänger aus dem Norden, aus der Heimat der Nebel und des Nordlichts, er brach die Rose, preßte sie in einem Buch und führte sie so mit sich in einen anderen Erdteil, in sein fernes Vaterland. Und die Rose welkte vor Kummer und lag in dem engen Buch, das er in seinem Hause aufschlug, und er sagte: »Hier ist eine Rose vom Grabe Homers.«

Seht, das träumte die Blume, und sie erwachte und erschauerte im Wind; ein Tautropfen fiel von ihren Blättern auf das Grab des Sängers, und die Sonne ging auf, und die Rose erglühte schöner als je; der Tag wurde heiß, sie war in ihrem heißen Asien.

Da erklangen Schritte, fremde Franken kamen, wie die Rose sie im Traum gesehen hatte, und unter den Fremden war ein Dichter aus dem Norden, er brach die Rose, preßte einen Kuß auf ihren frischen Mund und nahm sie mit in die Heimat des Nebels und des Nordlichts.

Gleich einer Mumie ruht nun der Blumenleichnam in seiner Ilias, und wie im Traume hört sie ihn das Buch aufschlagen und sagen: »Hier ist eine Rose vom Grabe Homers.«

Muhammadanische Rose mit den 99 Namen Allahs und den 99 Namen des Propheten, türkisch, 1708, Staatsbibliothek Preußischer Kulturbesitz, Berlin

Rose ist eine Rose ist eine Rose

(Gertrude Stein, 1874–1946)

Hälfte des Lebens

Mit gelben Birnen hänget
Und voll mit wilden Rosen
Das Land in den See,
Ihr holden Schwäne,
Und trunken von Küssen
Tunkt ihr das Haupt
Ins heilignüchterne Wasser.

Weh mir, wo nehm ich, wenn
Es Winter ist, die Blumen, und wo
Den Sonnenschein,
Und Schatten der Erde?
Die Mauern stehn
Sprachlos und kalt, im Winde
Klirren die Fahnen.

(Friedrich Hölderlin, 1770–1843)

Nun weiß man erst, was Rosenknospe sei

Nun weiß man erst, was Rosenknospe sei,
Jetzt, da die Rosenzeit vorbei;
Ein Spätling noch am Stocke glänzt
Und ganz allein die Blumenwelt ergänzt.

Als Allerschönste bist du anerkannt,
bist Königin des Blumenreichs genannt;
Unwidersprechlich allgemeines Zeugnis,
Streitsucht verbannend, wundersam Ereignis!
Du bist es also, bist kein bloßer Schein,
In dir trifft Schaun und Glauben überein;
Doch Forschung strebt und ringt, ermüdend nie,
Nach dem Gesetz, dem Grund Warum und Wie.

(Johann Wolfgang Goethe, 1749–1832)

Zauberkreis

Was steht denn auf den hundert Blättern
Der Rose all?
Was sagt denn tausendfaches Schmettern
Der Nachtigall?
Auf allen Blättern steht, was stehet
Auf einem Blatt;
Aus jedem Lied weht, was gewehet
Im ersten hat:
Daß Schönheit in sich selbst beschrieben
Hat einen Kreis,
Und keinen Andern auch das Lieben
Zu finden weiß;
Drum kreist um sich mit hundert Blättern
Die Rose all',
Und um sie tausendfaches Schmettern
Der Nachtigall.

(Friedrich Rückert, 1788–1866)

Die Ros ist ohn Warum: Sie blühet, weil sie blühet.
Sie acht nicht ihrer selbst, fragt nicht, ob man sie siehet.

Die Rose welches hier dein äußres Auge sieht,
Die hat von Ewigkeit in Gott also geblüht.

(Angelus Silesius, 1624–1677)

Rose, o reiner Widerspruch, Lust,
Niemandens Schlaf zu sein
unter soviel Lidern.

(Rainer Maria Rilke, 1875–1926)

Venus

Sei gegrüßt, du schönste Frau,
Edelstein und Perle,
Stolz der Jungfraun, sei gegrüßt.
Herrlichste der Jungfraun.
Sei gegrüßt, du Licht der Welt,
Weltenrose sei gegrüßt,
Blancheflor und Helena,
Du, o hehre Venus.

O du heller Morgenstern,
Herrschest hier im Irdischen,
Herrschest dort im Himmel.
Die im Grün du Veilchen gibst,
Rosen auch auf Dornen,
Dein sei Preis und Herrlichkeit
Du der Menschen Heilung.

(Aus: Carmina Burana, 13. Jahrhundert)

Es blühten in dem Paradeis
zuerst die Rosen alle weiß,
und ringsum auf den jungen Auen
war nicht ein Röslein rot zu schauen.
Doch einst als Eva sich vergaß,
und vom verbotnen Baume aß,
als zürnend Gott sie vor sich rief,
da barg sie schamerglühend tief
ihr Antlitz in den Rosenstrauch.
Und plötzlich, wie durch einen Hauch,
strahlt rot der Rose Blüte auch.

(zitiert in Esselborn, Seite 44)

Mich wundert, Rose, deine Güte,
daß sie sich mit dem Dorn verträgt:
du hast in sinnigem Gemüte
gewiß den Lauf der Welt erwägt.

(Hafis, 1326–1390)

Wickle die Hand in das Tuch und dann tauche sie
Ein ins bekrönte Gesträuch, und so kühn, daß es knirscht
In dem Dickicht zelluloidener Dornen.
Die Rose gepflückt ohne Schere!
Sieh dich nur vor, daß die Blüten nicht alle zerfallen –
Rosiger Kehricht – Musselin – Salomos Blütenblatt
Wildling, für das Sorbet nicht zu brauchen.
Weder Aromen noch Öl gibt's aus ihm.

(Ossip Mandelstam, 1891–1938)

Daß die Rose dir zum Beispiel werde!
Sonne, Tau und süßen Wind von Osten,
allen Glanz und alles Glück der Erde
weiß sie frei und unbesorgt zu kosten.
Des Propheten Weisheit braucht sie nicht:
denn sie lebt ja so, wie jener spricht.

(Hafis, 1362–1390)

Als Amor in den goldnen Zeiten,
Verliebt in Schäferlustbarkeiten,
Auf bunten Blumenfeldern lief,
Da stach den kleinsten von den Göttern
Ein Bienchen, das in Rosenblättern,
Wo sonst es Honig holte, schlief.

Durch einen Stich wird Amor klüger,
Der unerschöpfliche Betrüger
Sann einer neuen Kriegslist nach:
Er lauscht in Rosen und Violen;
Und kam ein Mädchen, sie zu holen,
Flog er als Bien' heraus und stach.

(Gotthold Ephraim Lessing, 1729–1781)

Des Wurmes Speise, Sohn der Sterblichkeit,
dein Leben ist der Rose gleich bestellt,
die Knospen treibt und blüht zur Sommerszeit,
zum Licht gewandt, solang der Tag anhält,
voll Duft und Farbe; wenn die Nacht einfällt,
sind Blüte, Knospe, Rose schon verblichen,
in einem Tag ist Glanz dem Tod gewichen.
So müssen Mann und Weib von hinnen fahren,
im Augenblick ist unsre Zeit verstrichen:
Nun bittet Gott, daß er uns alle soll bewahren. (...)

(Eustache Deschamps, 1346–1406)

Sieben Rosen hat der Strauch
Sechs gehör'n dem Wind
Aber eine bleibt, daß auch
Ich noch eine find,

Sieben Male ruf ich dich
Sechsmal bleibe fort
Doch beim siebten Mal, versprich,
Komme auf ein Wort.

(Bertolt Brecht, 1898–1956)

An eine Rose

Ewig trägt im Mutterschoße,
Süße Königin der Flur!
Dich und mich die stille, große,
Allbelebende Natur;
Röschen unser Schmuck veraltet,
Stürm entblättern dich und mich,
Doch der ew'ge Keim entfaltet
Bald zu neuer Blüte sich.

(Friedrich Hölderlin, 1770–1843)

Betrachte (...) wie aus grüner Knospe
Bescheiden, mädchenhaft die Rose sprießt,
Halb aufgegangen schon, noch halb verborgen
Und minder sichtbar um so schöner ist!
O siehe, wie sie alsbald ihren Busen
Entblößt und kühn entfaltet und schon schmachtet
Und nicht mehr ist, die eben noch von tausend
Geliebten, tausend Liebenden, begehrt war.

So schwindet hin im Schwinden eines Tages
Des Menschenlebens Jugendgrün und -blüte.
Und ob der Wonnemond auch wiederkehre,
Es grünt nicht mehr und niemals grünt es wieder.
Laßt uns am schönen Morgen dieses Tages,
Der bald den Glanz verliert, die Rose pflücken,
Der Liebe Rose pflücken, laßt uns lieben,
Solange Liebe Liebe noch erwidert.

(Torquato Tasso, 1544–1595)

Rosen

Wenn erst die Rosen verrinnen
aus Vasen oder vom Strauch
und ihr Entblättern beginnen,
fallen die Tränen auch.

Traum von der Stunden Dauer,
Wechsel und Wiederbeginn,
Traum – vor der Tiefe der Trauer:
blättern die Rosen hin.

Wahn von der Stunden Steigen
aller ins Auferstehn,
Wahn – vor dem Fallen, dem Schweigen:
wenn die Rosen vergehn.

(Gottfried Benn, 1886–1956)

Politiker: Adenauer und die 5012

Seine Rosenleidenschaft war bekannt, und in den fünfziger Jahren ist es möglich, diesen Aspekt von privater Liebhaberei eines Spitzenpolitikers öffentlich zu machen. Viele Bürger können sich identifizieren, scheint die Liebe zur Rose doch auf den ersten Blick unverfänglich, unverfänglicher als manch andere Leidenschaft.

1979 zeigt die Kölner Ausstellung »Le Musée sentimental de Cologne« Adenauers Aktentasche, deren Inhalt aus einer Rosenschere besteht. Im Rosenmuseum Steinfurth machen andere Adenaueriensia Geschichte, denn jährlich bekam der Kanzler anläßlich des Steinfurther Rosenfestes einen Rosenstrauß zugesandt, den er postwendend mit einem Dankschreiben quittierte.

So ist es nicht weiter erstaunlich, daß der holsteinische Rosenzüchter Mathias Tantau im Sommer 1953 eine Rosenneuzüchtung seines Betriebes auf den Namen des Rosenfreundes und Bundeskanzlers »Konrad Adenauer« taufen möchte. Ein geniales Konzept, denn durch die Verbindung des Rosenliebhabers und Kanzlers in einer Person wird der neuen Rose die öffentliche Aufmerksamkeit so sicher sein wie der darauffolgende Rosenabsatz. (→ Namen)

Der Züchter will die neue Rose 1954 in den Handel bringen. Bis dahin firmiert sie unter der Nummer 5012 mit Edelrosen-Charakter und starkem Duft. Hundert Rosen für den Garten des Kanzlers werden im Herbst 1953 in Rhöndorf avisiert.

Adenauer besteht auf einer wirklich guten Sorte, deren Knospen – nach erster Begutachtung der Rose – seiner Meinung nach jedoch etwas spitzer sein dürften. Die Sorte soll nach Wunsch des Kanzlers auch nicht zu klein sein.

Die Anpflanzung in des Kanzlers Garten bleibt von den kleinen Gartenkatastrophen jedoch nicht verschont, 1954 schreibt er an Tantau:

»Nunmehr hat die Rose „Konrad Adenauer" ihren zweiten Flor. Ich bin sehr von ihr eingenommen und es macht mir eine wirkliche Freude, daß eine solche Rose mit meinem Namen verbunden ist.

Ich konnte Ihnen nicht früher schreiben, weil leider mein Gärtner eine Dummheit gemacht und ohne mein Wissen die Rosen viel zu tief gepflanzt hatte, so daß sie wenigstens etwas gehoben werden mußten und dadurch Verzögerungen in der Vegetation eintraten.« [1]

Hochstämme der Sorte »Konrad Adenauer« wird es erst zwei Jahre später geben, bis dahin bestellt Adenauer ein staatsmännisches Sortiment: je zehn Stück Strauchrosen: Gloria Dei, Geheimrat Duisberg, Präsident Hoover, Gloria di Roma, Gretel Greul, Konrad Adenauer, ferner je sechs Stück Kletterrosen Gloria Dei, New Dawn, Goldylocks.

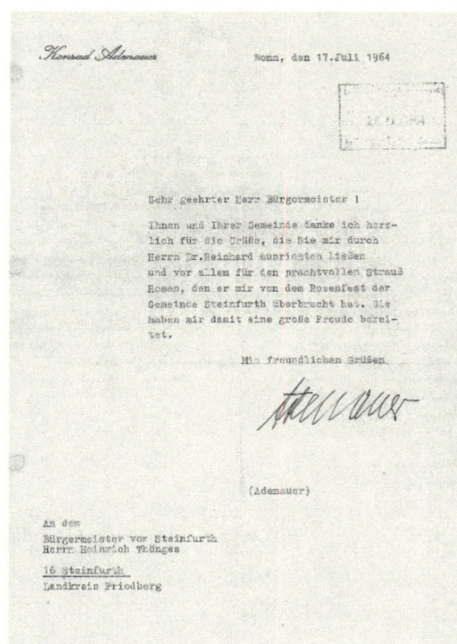

Konrad Adenauer Bonn, den 17.Juli 1964

Sehr geehrter Herr Bürgermeister !

Ihnen und Ihrer Gemeinde danke ich herzlich für die Grüße, die Sie mir durch Herrn Dr.Reinhard ausrichten ließen und vor allem für den prachtvollen Strauß Rosen, den er mir von dem Rosenfest der Gemeinde Steinfurth überbracht hat. Sie haben mir damit eine große Freude bereitet.

Mit freundlichen Grüßen

(Adenauer)

An den
Bürgermeister von Steinfurth
Herrn Heinrich Thönges

16 Steinfurth
Landkreis Friedberg

Konrad Adenauer im Rosengarten in Rhöndorf, Foto, nach 1937, dem Jahr der Fertigstellung des Hauses in Rhöndorf

Dankschreiben von Konrad Adenauer an den Steinfurther Bürgermeister Heinrich Thönges, 1964

1 Konrad Adenauer an Mathias Tantau 13.9.1954: *Briefwechsel*, Archiv Stiftung Bundeskanzler-Adenauer-Haus, Bad Honnef

Potpourri

Potpourrivase zum Beduften der Räume mit Blüten oder Flüssigkeiten, Porzellan aus Meißen, 1830–1840

Potpourri

»Dazu nimmt man ein Pfund frischgepflückte Pomeranzenblüthen, ein halb Pfund Rosen, eben so viel Lavendelkörner, acht Unzen Muskatblüthen, vier Unzen Majoranblätter, eben so viel Nelkenblätter, drey Unzen Thymian, zwey Unzen Myrthenblätter, eben so viel Steinkleeblätter, eine Unze Rosmarinblätter, eben so viel Gewürznelken, und eine halbe Unze Lorbeerblätter. Alle diese Ingredenzien werden zusammen in einen Topf gethan, dieser mit Pergament vermacht, den Sommer über der Sonne ausgesetzt, und einen Monat lang alle zwey Tage einmahl umgerührt. Am Ende des Sommers erhält man dadurch eine herrliche Mischung zum Parfümiren der Zimmer.«[1]

Rosenpotpourri

140 Gramm rosafarbene Rosenblütenblätter
55 Gramm rote Rosenblütenblätter
55 Gramm Blüten von römischer Kamille
30 Gramm Heidekrautblüten
55 Gramm Quassiastückchen
55 Gramm in Stücke geschnittenes Zitronengras
30 Gramm gemahlene Iriswurzel
30 Gramm Eichenmoos in 2 bis 3 cm große Stücke geschnitten
20 Tropfen Rosengeranium, Teerosen oder Rosenöl«[3]

Rosenkissen

»15 Gramm Pfefferminzblätter
15 ganze Gewürznelken
30 Gramm Rosenblütenblätter
2 Tropfen Rosenöl
ergibt eine Menge von 60 Gramm, die zum Füllen von zwei Säckchen ausreicht.«[2]

Pot-Pourri

»Man kann ein schönes Pot-Pourri erhalten, wenn man vom Frühling an, bis in den Herbst, von allen riechenden Kräutern und Blumen etwas einsammelt und in den Topf bringt, und sogleich mit einer Lage geröstetem Salz bedeckt. Hierbey beobachtet man nur folgende Regeln: 1. daß man die Kräuter und Blumen nur dann pflükke, wenn sie trocken und nicht mit Thau oder Regen benetzt sind; 2. daß man keine saftigen Blumen und Kräuter wähle; 3. und daß man von sehr stark riechenden Substanzen verhältnismäßig weniger nehme, als von schwächer riechenden; denn es kommt bei einem guten Pot-Pourri vorzüglich darauf an, daß der Geruch keiner Substanz besonders hervorsteche.«[4]

1 Johann Georg Krünitz's *Encyklopädie*, Stichwort Parfümirkunst, Berlin, 1819
2 Barbara Milo Ohrbach: *Kräuter- und Blumendüfte im Haus*, Köln, 1988, Seite 41
3 Barbara Milo Ohrbach, ebenda, Seite 20
4 Joh. Barthol. Trommsdorff: *Kallopistria oder die Kunst der Toilette für die elegante Welt*, Wien, 1825, Seite 131

Qualitätssiegel der Rose

Rosenzüchter und Mitglieder im »Bund deutscher Baumschulen« können Rosenneuzüchtungen bei ihrem Fachverband zur Qualitätsprüfung anmelden. Die ADR-Rosen-Neuheiten-Prüfung gilt als die strengste Neuheiten-Prüfung der Welt. Hinter der Abkürzung verbirgt sich das Qualitätssiegel der »Anerkannten Deutschen Rose«.[1]

Deutsche Rosenzüchter wie »Kordes, Tantau, Noack und Hetzel« melden ihre neuen Rosen zur Prüfung an. Mit im Wettbewerb sind auch Rosensorten ausländischer Züchter, die von deutschen Rosenbetrieben wie »Strobel« und »Rosen-Union« auf den Markt gebracht werden sollen. Geprüft werden Beetrosen, Edelrosen, Zwergrosen, Kletterrosen, Strauchrosen und Bodendeckerrosen. In neun Prüfgärten werden je zehn Pflanzen der jeweiligen Sorte (bei Kletter-, Strauch- und Bodendeckerrosen sind es nur drei einer Sorte) angepflanzt und jeweils drei beziehungsweise vier Jahre beobachtet und gepflegt. Insgesamt hundert Punkte können bei jeder Rosenbeurteilung vergeben werden, wovon allein die Widerstandsfähigkeit der Rose gegen Blattkrankheiten mit zwanzig Punkten zu Buche schlägt. Während der gesamten Beobachtungsdauer dürfen die Pflanzen deshalb nicht mit Fungiziden behandelt werden.

Auch die Reichblühigkeit, die Selbstreinigung, die gute Knospen- und Blütenform und -farbe werden beurteilt. Der Duft ist ein weiteres Kriterium. Mindestens sechsmal in jeder Vegetationsperiode müssen die Prüfer in den neun Gärten in Dortmund, Kiel, Osnabrück, Rethmar, Thiensen, Veitshöchheim, Weihenstephan, Wiesbaden und Zweibrücken mit dem Beurteilungsbogen auf den Acker. Zum Schluß werden die in den einzelnen Prüfgärten erreichten Werte einer Rose zusammengezählt. Bis 1966 erreichte eine Rose mit einem Gesamtdurchschnittswert von mindestens 80 Punkten die Anerkennung als ADR-Rose. Heute wird sie mit 80 Punkten nicht mehr automatisch ADR-Rose, sondern nur noch, wenn sie von den meisten Prüfern für eine Anerkennung vorgeschlagen wird.[2]

1987 erreichen fünf Rosen das ADR-Prädikat, darunter auch die von der Rosen-Union in Steinfurth zum Wettbewerb angemeldete »Elina«. Die Rose macht es möglich, daß zwei hübsche ältere Damen Eltern eines Rosenkindes werden. Aus Nana Mouskouri und Lolita schuf der Züchter Dickson in Irland »Elina«. Sie bringt es in der ADR-Prüfung auf Werte zwischen 74 und 89 Punkten (im Mittel: 79,7), hier ihre Beschreibung:

»Elina = ADR-Nr. 8436 (Teehybride)
Züchter: Dickson (Nordirland)
Anmelder/Einführer: Rosen-Union, 1984
Eltern: Nana Mouskouri x Lolita

Die starkwüchsige, straff aufrechtwachsende, im ersten Flor zirka 60–90 cm, im zweiten Flor auch bis 130 cm hohe Edelrose hat zumeist nur eine Blüte am langen Stiel oder am Ende der langen Verzweigungen, eignet sich also auch als Schnittrose. Hinzu kommt ein reichlicher Duft. Die Knospen sind groß, länglich, spitz, gut geformt, zitronen- bis rahmgelb. Sie öffnen sich langsam, spiralig zu zirka 12–13 cm großen, flachen bis becherförmigen, schönen, locker gefüllten Blüten. Die 25–35 großen, runden Petalen sind im Aufblühen in der Mitte leicht grünlich getönt, hellgelb, werden zum Rand hin immer heller gelb bis cremeweiß. Vollerblüht ist diese Sorte in der Mitte hellzitronengelb, an den Rändern sind die Petalen weiß, dies besonders beim Verblühen.

Das dichtstehende, große, im Austrieb rote, vollentfaltet dunkelgrüne, matte und nur leicht glänzende Laub harmoniert gut mit der Blütenfarbe. Es ist ziemlich robust und bis zum Spätsommer gesund, wie auch aus den hohen Durchschnittswerten für Gesundheit hervorgeht; keiner der Mittelwerte lag unter 16,7 Punkte, dem angestrebten Wert.

Auch bezüglich der Blütezeit fällt diese Sorte auf. Sie beginnt zwar etwas spät zu blühen, ihre Blütezeit erstreckt sich aber weit in den Herbst hinein.

Alle anwesenden Prüfer stimmten für eine Anerkennung als ADR-Rose, zumal die Sorte auch in den beiden anderen Prüfungsgärten hohe Werte erhalten hatte«.[3]

Erstaunlicherweise sind nur 83% der etwa 130 als ADR-Rosen anerkannten Sorten im Handel. Einzelne Sorten kamen nie zum Verkauf in Baumschulen, sie wurden nur zum Weiterzüchten benutzt, andere wiederum fanden keine Käufer, wie zum Beispiel die Rose mit dem Namen »Atombombe«, die der Züchter Kordes 1953 auf den Markt brachte. (→ Namen)

Rosenformen, Holzschnitt von August Luft, 1889

1 Für die Informationen zur ADR-Rosenprüfung bedanke ich mich bei Helmut Steinhauer, Rosen-Union, Steinfurth, und Prof. Dr. Josef Sieber, Freising
2 *Das ADR-Prüfungsverfahren,* Hrsg. vom Vorsitzenden der ADR-Prüfungskommission Prof. Dr. Josef Sieber, Weihenstephan, 1991
3 Josef Sieber: *1987 wieder 5 ADR-Rosen,* in: baumschulpraxis, Nr. 9, 1987

Die Rose als Symbol in der Religion

Von dem wüsten Treiben der Römer mit den der Venus geweihten Rosen wandten sich die ersten Christen voll Abscheu ab. Mit vielem anderen verwarfen sie auch den Rosenkultus. Sie wollten ihn nicht mit den Heiden gemein haben und duldeten keine Rosen auf den Gräbern. Es galt als Sünde, sich mit Rosen zu bekränzen, wo der Heiland eine Dornenkrone getragen habe.

Doch bald änderte sich die Auffassung, vergegenwärtigte der Rosendorn ja recht eigentlich das Leid Christi durch seine himmlische Blüthe, Heilige erklärten die Rose geradezu für eine Blume des Paradieses. So kam sie nicht nur wieder zu Ehren, sondern erhielt durch das Christentum eine neue Stellung. Man weihte der Jungfrau Maria die geheimnisvolle Rose, wie man sie früher der Göttin der Liebe geweiht hatte. So zog denn der ganze Kultus der Isis, der syrischen Göttin, der Demeter, Kybele und der Venus in das Christentum ein. Die Namen wie die Symbolik der genannten Göttinnen gingen auf Maria über, besonders Rose, Lilie und Myrthe wurden auch Symbol der Maria.

Die Heckenrose war ehemals der Freya, Frigga und Holda (in Kinderspielen oft »Mutter Rose«) heilig. Sie heißt noch heute am Niederrhein »Friggas Dorn«, in Ostpreußen »Mariendorn« oder »Frauenrose«. Frigga wie Maria sind der Inbegriff höchster Weiblichkeit.

Der Legende zufolge flocht einst der Erzengel Gabriel aus hundertundfünfzig himmlischen Rosen drei Kränze für die heilige Maria. Der eine aus weißen Rosen deutete auf ihre Freuden, der zweite aus roten Rosen bezeichnete ihre Schmerzen und der dritte aus goldenen ihre Glorien.

Die Anzahl der Rosen entspricht dem großen Rosenkranz. Seit der Mitte des 13. Jahrhunderts wird darunter das Rosenkranz-Gebet verstanden. Seit dem 14. Jahrhundert stellen Maler die heilige Maria, die geistliche Rose mit dem Kinde, von drei Rosenkränzen umschlungen dar.

In der christlichen Symbolik gilt die rote Rose als Sinnbild des Blutes, das der Gekreuzigte vergossen hatte, und damit der himmlischen Liebe. Die kirchliche Ikonographie machte die Rose als »Königin der Blumen« zum Symbol der Himmelskönigin Maria und der Jungfräulichkeit; nur Jungfrauen war im Mittelalter das Tragen von Rosenkränzen gestattet, die Madonna wurde gern »im Rosenhag« dargestellt. Wie bei den Göttern der Antike so ist es bei großen kirchlichen Festen mit Prozessionen üblich, vor dem Allerheiligsten Rosen zu entblättern, damit der Träger desselben auf Rosenblättern wandle. Im Islam hat das Rosenwasser im religiösen Kultus eine große Bedeutung, auf Rosen zu gehen ist ein Sakrileg. Nach dem Koran entstanden die Rosen während der nächtlichen Himmelfahrt des Propheten, und zwar die weißen aus seinen Schweißtropfen, die gelben aus denen seines Thiers, die roten aus denen des Engels Gabriel. Die Rose gilt im Orient als dem Propheten heilig und darf nicht mit Füßen getreten werden.

In der Alchemie, in zahlreichen weltanschaulichen, mystischen und religiösen Gruppen taucht das Symbol der Rose immer wieder auf. Rote und weiße Rosen sind das Symbol des Dualsystems rot/weiß, der beiden Urprinzipien Sulphur und Mercurius, und eine Rose mit sieben Ringen von Blütenblättern weist auf die sieben Metalle und ihre Entsprechungen in Form der Planeten hin.

... Die Verbindung von Kreuz und Rose führt zum Symbol des Rosenkreuzes, eines evangelisch-christlichen Esoterikerbundes der Renaissance. Das Symbol des Rosenkreuzes ist eine fünfblättrige Rose in einem Kreuz, ähnlich dem persönlichen Siegel Martin Luthers, das ein aus einem Herzen wachsendes Kreuz innerhalb einer fünfblättrigen Rosenblüte darstellt.

Rudolf Steiner hat die Symbolik der Rose in ihrer Beziehung zum Kreuz erhellt und schreibt zusammenfassend: »Man stelle sich ein schwarzes Kreuz vor. Dieses sei Sinnbild für das vernichtete Niedere der Triebe und Leidenschaften; und da, wo sich die Balken des Kreuzes schneiden, denke man sich sieben rote, strahlende Rosen im Kreise angeordnet. Diese Rosen seien das Sinnbild für ein Blut, das Ausdruck ist für geläuterte, gereinigte Leidenschaften und Triebe.«

Das Wappen des Johann Valentin Andreae (1586 bis 1654), dessen Schriften die Idee des legendären Bundes in die Welt setzten, war ein Andreaskreuz mit vier Rosen in den Winkeln.

Die freimaurerische Symbolik widmet der Rose große Beachtung. (...) Die drei Johannisrosen werden als »Licht, Liebe, Leben« gedeutet; am Johannistag wird die Loge mit Rosen in drei Farbtönungen geschmückt.

Dieser Text ist identisch mit dem eines Faltblattes, das im Raum »Die Rose als Symbol« im Rosenmuseum Steinfurth ausliegt.

Marie von Strantz: *Die Blume in Sage und Geschichte*, Berlin, 1875
Matthias Schleiden: *Die Rose – Geschichte und Symbolik*, Leipzig, 1873
Aigremont: *Volkserotik und Pflanzenwelt*, Leipzig, 1907–1910
Gerd Heinz-Mohr, Volker Sommer: *Die Rose – Entfaltung eines Symbols*, München, 1988
Hans Biedermann: *Knaurs Lexikon der Symbole*, München, 1989
Guillaume de Lorris: *Der Rosenroman*, 1230 und 1270, Stuttgart, 1985

Madonna im Rosenhag, Kupferstich von Cornelis Schut, 18. Jahrhundert

Der Rosenroman

Als eine »Schatzkammer erotischer Kultur mit der Rose als zentralem Medium« bezeichnen Gerd Heinz-Mohr und Volker Sommer den »Roman de la rose«.[1] Der altfranzösische Versroman des 13. Jahrhunderts hat Dichtung und Denken bis in die Aufklärung maßgeblich beeinflußt, es sind fast 300 Handschriften erhalten. Der allegorisch-didaktische Charakter gilt lange als vorbildhaft.

Die ersten 4.000 Verse des aus zwei ungleichen Teilen bestehenden Rosenromans verfaßte Guillaume de Lorris zwischen 1225 und 1240.

18.000 Verse stammen von Jean de Meun, der um 1270 den Roman fortsetzte. War Guillaume de Lorris ganz dem zeitgenössischen höfischen Roman verpflichtet, so erhob sich gegen Jean de Meuns Arbeit bald Protest. Seine Fortsetzung des Romans löste einen langandauernden Streit aus und ist vielleicht als literarische Verarbeitung der gesellschaftlichen Veränderungen um die Mitte des 13. Jahrhunderts heute verständlicher als zu Lebzeiten des Autors.

Statt höfischem Eros ist der profane Sexus in den Mittelpunkt von de Meuns Fortsetzung des Romans gerückt. Liebe hat für ihn vor allem mit lebenserhaltender Zeugungspotenz zu tun und weniger mit dem höfischem Ideal der platonischen »Liebe von fern«. Dem Liebhaber im zweiten Teil des Romans wird das Pflücken der Rose durch GUTEN EMPFANG in Aussicht gestellt. Hastig und mit derber Symbolik bringt de Meun die Handlung zu Ende. Seine Erzählerperspektive bezieht die Gefühle der Rose/Frau nicht mit ein:

»Ich machte mich auf die Reise wie ein rechter Pilger, ungeduldig, glühend und von ganzem Herzen, ein unschuldig Liebender, hin zur Öffnung, dem Ziel meiner Wallfahrt. Unter großen Mühen schleppte ich Säckel und Stab, der dermaßen steif und fest war, daß er zum Reisen und wandern nicht einmal mit Eisen beschlagen werden mußte.«[2]

»Als ich dort so geschäftig war, habe ich mich dem Rosenbusch so weit genähert, daß ich meine Hände ganz nach meinem Willen nach den Zweigen ausstrecken konnte, um die Knospe zu nehmen. Da bat mich der SCHÖNE EMPFANG bei Gott darum, daß dabei keine Gewalt angewandt werde; und ich gab ihm sehr die Versicherung, da er mich oft darum bat, daß ich niemals etwas tun würde außer seinen und meinem Willen. Den Rosenbusch ergriff ich an den Zweigen, die von edlerer Geschmeidigkeit sind als irgendeine Korbweide, und als ich mich mit beiden Händen an ihnen festhalten konnte, begann ich, ganz sanft und ohne mich zu stechen, die Knospe zu schütteln, denn ohne an ihr zu rütteln hätte ich sie schwerlich bekommen. Zwangsläufig bewirkte ich so, daß alle Zweige sich schüttelten und bewegten, ohne jemals irgendeinen Zweig zu zerbrechen, denn ich wollte dort nichts beschädigen, doch mußte ich notwendig ein wenig von der Rinde verletzen; denn anders wußte ich das nicht zu erlangen, wonach ich so große Sehnsucht hatte.

Am Ende, und nur so viel sage ich Euch, verstreute ich dort ein wenig Samen, als ich die Knospe geschüttelt habe; das geschah, als ich sie im Innern beim Untersuchen der Blütenblätter berührt habe; denn ich wollte alles bis auf den Grund des Knöspleins erforschen, wie mir das gut scheint.

Und dann ließ ich die Samen sich so gut zu vermischen, daß sie sich kaum wieder voneinander trennen würden, derart daß ich das ganze zarte Knösplein sich dadurch erweitern und ausdehnen machte. Das ist alles, was ich dort Böses tat. (...) Bevor ich mich von dort zurückzog, wo ich noch gern geblieben wäre, pflückte ich mit großem Vergnügen die Blume des schönen dichtbelaubten Rosenstocks. So gewann ich die rote Rose. Dann wurde es Tag, und ich erwachte.«[3]

An die Seite Christine de Pisans, die ein halbes Jahrhundert nach dem Entstehen des Romans die Würde der Frauen gegen die im Rosenroman vorgestellte Auffassung der Frauen als Sexualsymbol verteidigte, stellte sich Jean Gerson, der Kanzler der Pariser Universität und einer der größten Theologen der Zeit. Bemerkenswert an diesem Streit ist jedoch, daß die Gegner des Romans, die gegen ihn moralische Einwände vorzubringen haben, ihre eigenen Werke ganz im Stil des Rosenromans verfassen.

Der Rosenroman, seine Bedeutung, seine Rezeptionsgeschichte, der literarische Streit um ihn und seine Illustrationen standen im Mittelpunkt einer Veranstaltung des Rosenmuseums im September 1992.

1 Gerd Heinz-Mohr, Volker Sommer: *Die Rose – Entfaltung eines Symbols,* München, 1988
2 Gerd Heinz-Mohr, Volker Sommer, ebenda
3 Guillaume de Lorris und Jean de Meun: *Der Rosenroman,* übersetzt und eingeleitet von Karl August Ott, München, 1976

Han seid such harm and shame now,
Witeth wel, if he gessed it,
Ye may wel demen in your wit,
He nolde nothing love you so,
Ne callen you his freend also,
But night and day he wolde wake,
The castel to destroye and take,
If it were sooth as ye devyse;
Or som man in som maner wyse
Might it warne him everydel,
Or by himself perceyven wel;
For sith he might not come and gon
As he was whylom wont to don,
He might it sone wite and see;
But now al otherwyse doth he.
Than have ye, sir, al outerly
Deserved helle, and jolyly
The deth of helle, douteles,
That thrallen folk so gilteles.
FALS-SEMBLANT proveth so this thing
That he can noon answering,
And seeth alwey such apparaunce,
That nygh he fel in repentaunce,
And seide him: Sir, it may wel be.
Semblant, a good man semen ye;
And, Abstinence, ful wyse ye seme;
Of o talent you bothe I deme.
What counceil wole ye to me yeven?
Fals-Semblant.
RIGHT here anoon thou shalt be shriven,
And sey thy sinne withoute more;
Of this shalt thou repente sore;
For I am preest, and have poustee
To shryve folk of most dignitee
That been, as wyde as world may dure.
Of al this world I have the cure,
And that had never yit persoun,
No vicarie of no maner toun.
And, God wot, I have of thee
A thousand tymes more pitee
Than hath thy preest parochial,
Though he thy freend be special.
I have avauntage, in o wyse,
That your prelates ben not so wyse
Ne half so lettred as am I.
I am licenced boldely
In divinitee to rede,
And to confessen, out of drede.
If ye wol you now confesse,
And leve your sinnes more and lesse,
Without abood, knele doun anon,
And you shal have absolucion.
Here ends all that is done of The Romance of the Rose.

Der Liebende betrachtet die Rose, englische Illustration von William Morris, 19. Jahrhundert

Rosenfest

Die Rose, Königin der Blumen und Symbol der Liebe – für sie und mit ihr werden Feste gefeiert.

Im vorchristlichen Rom gilt die Rose als Blume des Lebens und der Vergänglichkeit. Die Rosenfeste sind deshalb Frühlings- und Liebesfeste genauso wie Totenfeste. In Frankreich werden seit dem 18. Jahrhundert tugendhafte Mädchen zu Rosenköniginnen gekränzt – ein noch bestehender Brauch, mit dem uns eine filmische Bearbeitung von Jean Eustache aus den Jahren 1968 und 1978 bekannt macht. Auch in Deutschland feiert man im 18. und 19. Jahrhundert ähnliche Tugendfeste.

In allernächster Nähe, in Friedberg und Bad Nauheim, versammeln sich bereits 1871 und 1872 Menschen, um miteinander die Rose zu feiern. Diese Veranstaltungen nehmen die Steinfurther Gärtner zum Vorbild ihrer Rosenblumen-Ausstellung, die sie 1912 erstmals ausrichten.

Die Steinfurther Rosenblumen-Ausstellung ist eine der ersten ihrer Art, eine regelrechte Festgründungswelle folgt. Bis Ende der zwanziger Jahre werben immer mehr Gemeinden mit Festen für ihre landwirt-

Medaille zum Rosenfest in Bad Nauheim, Email und Metall, 1934

Werbung für einen Rosentag in Bad Nauheim mit Wahl der Bad Nauheimer Rosenkönigin, auf farbiges Papier gedrucktes Plakat, 1928

»La Rosière«, kolorierte Lithografie von L. Boilly, 1824

schaftlichen Produkte. Erste Festköniginnen werden gewählt: Weinkönigin, Spargelkönigin, Gurkenkönigin.

In Steinfurth dauert es noch bis 1950, bis die erste Rosenkönigin proklamiert wird, im gleichen Jahr wird der erste Rosenkorso veranstaltet; und aus der Steinfurther Rosenblumen-Ausstellung ist das Steinfurther Rosenfest geworden.

Die Rosenschau, der Festplatz, die Veranstaltungen und das abschließende Feuerwerk sind zusammen mit der Rosenkönigin und dem Rosenkorso die Elemente des Rosenfestes in seiner bis heute andauernden Form.

Zwei Veranstaltungen, die Rosenrunde, das Fachgespräch der Rosengärtner, und die Verleihung des Steinfurther Rosenringes kommen in den siebziger Jahren hinzu.

Der Verein Steinfurther Rosenzüchter und die Gemeinde Steinfurth richten bis 1956 die Feste aus, danach übernimmt die Gemeinde allein die Regie. Trotz großer Belastungen aller Beteiligten entscheidet sich die Mehrheit der Rosenanbauer 1960 für den Erhalt des Festes.

1972 wird Steinfurth zur Kurstadt Bad Nauheim eingemeindet, ein zweijähriger Festrhythmus setzt sich durch.

Das Rosenfest ist eine moderne Mischung von Volksfest und Werbeveranstaltung geworden – Funk, Fernsehen und Presse berichten gerne darüber.

Die Steinfurther Rosenanbauer läßt das Fest für ein paar Tage ihre Konkurrenzen im Alltag vergessen, um sich gemeinsam für die Steinfurther Rose einzusetzen.

Kasse 2 vor dem Rosensaal, Foto, 1950

Menschenmenge nach dem Passieren des Festzuges, Foto, 1952

Die Rosenkönigin Ria Steinbauer eröffnet die Rosenschau, Foto, 1952

Szene vom Festplatz, Foto, 1953

Die Rosenkönigin

Die Steinfurther Rosenköniginnen:

1950 Hedwig Metzler
1951 Gisela Wolf
1952 Ria Steinhauer
1953 Irma Alban
1954 Erika Michel
1955 Elly Elssner
1956 Irene Schwegler
1957 Christa Agel
1958 Hannelore Alban
1959 Edith Arnoldi
1960 Ingrid Thönges
1961 Erika Braunöhler
1962 Elisabeth Siebert
1963 Traudl Jöckel
1964 Heidi Weiss
1965 Christel Nagel
1966 Doris Thönges
1967 Irene Kettinger
1968 Hannelore Vieweg
1969 Renate Schäfer
1970 Christine Jäger
1972 Ingeborg Braun
1974 Susanne Manderla
1976 Ingrid Gaffrey
1978 Ute Gönewein
1980 Sabine Lottig
1982 Annette Huber
1984 Birgit Laux
1986 Manuela Dräger
1988 Kerstin Jung
1990 Svenja Steinhauer
1992 Andrea Hofmann
1994 Anja Philippi
1996 Iris Törmer

Im Jahr 1950 ernennt die Gemeinde Steinfurth für das Steinfurther Rosenfest eine »Festdame«, die während der Eröffnungsfeierlichkeiten im Rosensaal einen Prolog spricht. Das Publikum des Festzuges »wählt« spontan während des Rosenkorsos seine »Rosenkönigin«, indem es die junge Erika Anoldi, die mit einer Rosenkrone geschmückt ist, als Rosenkönigin proklamiert. Im Jahr darauf wird erstmals eine Rosenkönigin offiziell gewählt.

Sie soll – so verlangen es die ungeschriebenen Gesetze – jung, aber nicht unter 18 Jahren, schön, unverheiratet, Tochter eines Rosenanbauers oder mit dem Rosenanbau vertraut sein.

Bei der Auswahl der Königin werden die gesellschaftlichen Verhältnisse des Dorfes, der Status der einzelnen Familien, Konkurrenz zwischen den Betrieben, der Klatsch und der gute Ruf berücksichtigt.

Seit 1959 begleiten zwei Prinzessinnen die Königin. Wechselnde männliche Personen stehen im Laufe der Zeit dieser Dreiergruppe zur Seite: Bürgermeister, beschützender Begleiter und Rosenkavalier.

Die gewählte Königin und ihre Prinzessinnen sorgen für standesgemäße Kleidung, unterstützt von ihren Familien und der Gemeinde. Das Kleid der Rosenkönigin, meist ein Brautkleid, muß festlich sein.

Auf die Königin kommen zahlreiche Aufgaben zu: Sie hält eine Rede während der Eröffnungsfeierlichkeiten des Rosenfestes. Sie geht geschickt mit Honoratioren und Publikum um, sie gibt Interviews, bewältigt Fototermine und Fernsehauftritte. Für zwei Jahre ist sie Repräsentantin der Steinfurther Rose.

Nach 35 Jahren sagt die Rosenkönigin Irma Alban: »Es war alles sehr festlich, die Rosenkönigin war der absolute Mittelpunkt. Ich habe es wirklich gerne gemacht und natürlich hat es mir Spaß gemacht, von allen umschwärmt zu sein.«

Das »Schwärmen« des Publikums beschert den Rosenköniginnen nicht selten poetische Produktionen in Form von Gedichten oder Liebesbriefen. Sie sind eben nicht nur Repräsentantinnen des Steinfurther Rosenanbaues, sondern auch öffentliches Idol.

Die Rosenkönigin Elisabeth Siebert erhält 1962 die folgende Postkarte:

Gruß an die Rosenkönigin!

Wenn die Elisabeth
nicht so hübsche Beine hätt'!
Alle sind von Dir ganz hin,
holde Rosenkönigin!
So klingt's nicht allein durch
Steinfurth,
auch Bad Nauheim ist erfüllt.
Über'n Gürtel bis zum Beingurt
zeigt sie auch ein schönes Bild.
Darum brachte auch die Zeitung
heut' ihr Bild und jeder staunt.
Häng' ich auch an langer Leitung,
grüß' ich dennoch – wohlgelaunt!

Der ungenannte Freund,
jenseits von
Gut und Böse …

linke Seite:
Die Festdame Hedwig Metzler, Foto, 1950

Die »Rosenkönigin« Erika Arnoldi auf dem Wagen des Radfahrvereins, Foto, 1950

rechte Seite:
Die Rosenkönigin Elisabeth Siebert mit ihren beiden Prinzessinnen in der Rosenschau, Foto, 1962

Postkarte an die Rosenkönigin Elisabeth Siebert, 1962

Die Rosenkönigin Irma Alban mit ihren beiden Prinzessinnen, Foto, 1953

Die Rosenkönigin Annette Huber beim Bundespostminister anläßlich der Vorstellung der Wohlfahrtsmarken mit Rosenmotiven, Foto, 1982

Die Rosenkönigin Susanne Manderla (links) empfängt die amerikanische Rosenkönigin aus Pasadena/Kalifornien, Foto, 1974

Rosenkorso

Der seit 1950 veranstaltete Rosenkorso ist unbestritten die Hauptattraktion des Steinfurther Rosenfestes. Bereits zwei Tage vorher wird mit dem Schneiden der Rosen, die später die Festwagen schmücken, begonnen. Die Steinfurther Vereine geben beim Leiter des Rosenkorsos ihr Wagenmotiv und die Menge und Farbe der benötigten Rosen bekannt. Die Wagenaufbauten aus Holz, Moos und Draht werden, wenn möglich, mehrfach verwendet. Am Rosenfestsamstag werden die Rosen auf die Festwagen gesteckt. Zum Stecken wird jede Blüte mit einem Draht versehen.

Die Motive der Korsowagen sind vielfältig, Märchenthemen wechseln ab mit aktuellen Themen, wie dem Wahrzeichen der Brüsseler Weltausstellung 1958, dem »Goldenen Schuß« oder den Olympischen

1951

1958

20000 Rosen und mehr für einen einzigen Wagen

1953

Rosenduft über Steinfurth

1958

Ringen 1972. Berlin ist ein seit den fünfziger Jahren immer wieder auftauchendes Thema: Brandenburger Tor »Macht das Tor auf«, Berliner Bär oder das Luftbrückendenkmal werden zu Festwagenmotiven. 1990 ein rosengeschmückter Trabi der Junggärtner. Häufig dienen Motive aus der Gartenarchitektur – Lauben, japanische Tempel, Mühlen oder Brunnen – als Vorlage.

Aber auch Frieden und Freiheit haben ihren Platz auf dem Wagen, ebenso wie Themen aus Raumfahrt und Technik.

Zwischen den aufwendig gestalteten Wagen der Vereine fahren oft Kinder in üppig mit Rosen geschmückten Kutschen oder Fahrradwagen. Fußgruppen und Musikkapellen kündigen die Höhepunkte des Zuges an.

Die auf den Wagen mitfahrenden Vereinsmitglieder sind entsprechend kostümiert.

1952

Hunderttausend Rosen blühten

1958

1958

Fast 30000 erlebten den glanzvollen Korso

1958

Steinfurths Rosenwunder begeistern Tausende

Rosenschau

Die Rosenschau, eine Ausstellung von Schnittrosen, ist in Steinfurth seit 1950 Teil des Steinfurther Rosenfestes, ja der Ursprung des Rosenfestes liegt in diesen Rosenausstellungen. (→ Rosenfest)

Einige Steinfurther Rosenbetriebe stellen schon im 19. Jahrhundert ihre Rosen aus und sammeln erste Erfahrungen, die später den eigenen Präsentationen zugute kommen. Die erste Steinfurther Rosenblumen-Ausstellung wird 1912 von einer Kommission des Gärtnervereins (Philipp Walter, Paul Vieweg und Friedrich Schreyer) im Saal beim Gastwirt Graulich im »Darmstädter Hof« vorbereitet.[1] Der Wirt verpflichtet sich, die Tanzzettel zu bezahlen und die Musiker zu verköstigen. Der Eintrittspreis ist auf dreißig Pfennig und für das Konzert auf zwanzig Pfennig festgesetzt.

Die Ausstellung wird als Gemeinschaftsschau veranstaltet. Der Verein kauft die »Ausstellungsgläser«. Jeder Aussteller soll bis zu zweihundert Blumen stellen und erhält mit seiner Familie freien Eintritt. Die Gärtner bieten dem Publikum die Besichtigung von Rosenfeldern unter sachkundiger Führung an.

Wegen Weltkrieg findet die nächste Rosenausstellung erst neun Jahre später statt. Die Inflation läßt die Preise ansteigen. Reichten 1921 noch drei Mark, um als Einheimischer die Rosenausstellung zu besichtigen, müssen 1923 zehntausend Mark bezahlt werden. Auswärtige zahlen statt fünf Mark 1923 stolze fünfundzwanzigtausend Mark. Eine werbende Zeitungsanzeige soll die Steinfurther Gärtner eine Million Mark kosten. So dokumentiert es das Protokollbuch des Gärtnervereins.

Bereits mit der Rosenschau 1932 deuten sich Veränderungen an. Zum ersten Mal stellen hier Einzelfirmen ihre Sortimente vor und nicht mehr die Gärtnergemeinschaft. Das Ausstellen von Rosen wird ab 1933 staatlich reglementiert. Der Reichsverband des Deutschen Gartenbaues erläßt neue Bestimmungen und beschneidet die Rechte der Rosenanbauer erheblich. Nicht die ortsansässigen Gärtner sind jetzt die Veranstalter der Rosenschauen, sondern die NS-Organisationen: das ist die »Sondergruppe Rosen in der Fachgruppe Baumschulen im Reichsverband des Deutschen Gartenbaues im Reichsnährstand«. Steinfurth und die Rose wird von den NS-Organisationen für Propagandazwecke entdeckt. Das Dorf entspricht den Wunschvorstellungen der Machthaber vom »Gesunden Bauernstand«, da sich hier der Anbau von

Blick in die Rosenausstellung im Saalbau beim Gastwirt Hengst, Foto, 1932

Urkunde des Vereins Deutscher Rosenfreunde anläßlich der Rosenausstellung in Görlitz für die Steinfurther Firma Walter & Lehmann Rosengärtnerei, nach einem Entwurf von G. Weber, 1894

Rosen auf der Basis eines Familienbetriebes rentiert. Die Rose wird zum Symbol der Deutschen Mutter stilisiert. 1934 soll damit staatlicher Profit gemacht werden. Die NSV und die NS-Frauenschaft veranstalten einen »Tag der deutschen Rose«, einen von den Nationalsozialisten erfundenen »Feiertag« für Propagandazwecke und Straßensammlung. Eine große Rosenausstellung und ein Rosenkorso werden in Bad Nauheim gezeigt. (→ TAG DER DEUTSCHEN ROSE)

Ausstellungen von Rosenblumen

Nach eingehender Rücksprache mit einer größeren Anzahl Rosenfirmen, die als regelmäßige Aussteller der deutschen Rosenschauen in Betracht kommen, wird folgendes verfügt:

Es ist verboten, sich in Zukunft an Rosenblumenausstellungen zu beteiligen, ohne dazu die Genehmigung der Fachgruppe für Baumschulen im R. d. d. G., Geschäftsstelle Berlin NW. 40, Kronprinzenufer 27, eingeholt zu haben. Ausgenommen von diesem Verbot bleiben die reinen Firmenausstellungen, also solche Ausstellungen, die von den einzelnen Baumschulbetrieben auf eignes Risiko veranstaltet werden, ferner auch die Ausstellungen, die durch den Zusammenschluß mehrerer Baumschulinhaber auf deren eignes Risiko veranstaltet werden, desgleichen die Rellinger Rosenschau und je eine Sommer- und Herbstschau des Vereins Deutscher Rosenfreunde. Veranstaltet der Verein Deutscher Rosenfreunde weitere Ausstellungen oder mehrere dieser Art, so muß er der Fachgruppe gegenüber erklären, welche er als freie Ausstellung bezeichnet haben möchte. Alle anderen Ausstellungen sind genehmigungspflichtig seitens der Leitung der Fachgruppe für Baumschulen im R. d. d. G.

Die Genehmigung wird nur erteilt, wenn

1. keine Platzmiete erhoben wird,
2. Vasen und Hilfskräfte für die Ausstellung unentgeltlich von seiten der Ausstellungsleitung gestellt werden,
3. die Fracht und Anfuhr für das Blumenmaterial von der Ausstellungsleitung getragen wird,
4. den Ausstellern bzw. den Lieferanten der Rosenblumen gestattet bleibt, ihre Firma bei den Aufstellungen anzubringen,
5. für die ausgestellten Rosenblumen ein Preis von 4 RM für 100 Stück den Lieferanten bzw. Ausstellern vergütet werden.

Begründung: In der letzten Zeit häufen sich die Anfragen bei den Rosen- bzw. Baumschulinhabern, in denen Stadt- und Badeverwaltungen, Rosenliebhabervereine usw. sich bemühen, Rosenblumen zu erhalten für Ausstellungen, die sie z. T. für das Reise- oder Badepublikum veranstalten, bzw. Rosenliebhabervereine für Mitgliederwerbung. Es kann in der heutigen Zeit dem deutschen Rosen- oder Baumschulbesitzer nicht mehr zugemutet werden, sich an unzähligen Rosenblumenausstellungen zu beteiligen, ohne eine Entschädigung dafür zu bekommen. Niemals steht der geschäftliche Erfolg auch nur einigermaßen im Verhältnis zu den gehabten Unkosten der einzelnen Aussteller.

Die einseitige Ausnutzung der deutschen Baum- und Rosenschulbesitzer muß in Zukunft auf alle Fälle vermieden bzw. auf ein vernünftiges Maß zurückgeführt werden. Daher wird hiermit ein für allemal verboten, daß sich Rosenfirmen an irgendwelchen Ausstellungen ohne Genehmigung der Leitung der Fachgruppe für Baumschulen im R. d. d. G. beteiligen.

Es soll erstrebt werden, daß auch bei den freigegebenen beiden Ausstellungen des Vereins Deutscher Rosenfreunde wenigstens die Frachtkosten und die Kosten für die Aufstellung den Ausstellern abgenommen werden. Daß auch in Zukunft keine Platzmiete oder Vasenmiete erhoben werden darf, ist selbstverständlich.

Diese Bestimmungen treten am 1. 9. 1933 in Kraft.

Herm. Kordes, Führer des Fachverbandes für Rosen.

Gerh. Berndt, Führer der Fachgruppe für Baumschulwesen des R. d. d. G.

Hatte diese überregionale Aktion 1934 alle Kräfte der Steinfurther Rosengärtner eingebunden, so finden die späteren Rosendarbietungen wieder in Steinfurth statt.

Die Gestaltung der Ausstellungen knüpft an die zwanziger Jahre an, aber auch neueste polit-ästhetische Normen werden beim Ausstellen von Rosen umgesetzt. Ein Presseartikel berichtet über die 1936 erstmals von der NS-Gemeinschaft »Kraft durch Freude«, der »Deutschen Arbeitsfront« und dem »Reichsnährstand« veranstaltete Rosenschau in Steinfurth: »Zierliche Polyantharosen umkleiden die Säulen zur Empore und schwingen sich empor über dem Farbenmeer aus dem zartesten Weiß der „Auguste Viktoria" bis zum tiefsten Rot der „Etoile de Hollande". Dazwischen mischt sich der Duft der fleischfarbenen Raptura, die Auge und Sinne gebannt hält. Von der Bühne grüßt das Bild des Führers, mitten in einem Blumenhain stehend, davor ein Teppich aus Polyantharosen, der erst da endet, wo das Rot der „Eblouissante" mit dem Weiß der „Eva Teschendorf" zu einem vor dem Podium stehenden Hakenkreuz verschmilzt«.[2] 1938 ist die Führerbüste auf der Bühne von zwei Lichtsäulen flankiert, der Saal ist stimmungsvoll abgedunkelt und mit künstlicher Beleuchtung versehen.

Reichsnährstand

Blut und Boden

Ausstellungsbestimmungen für die »Ausstellung von Rosenblumen« des Reichsverbandes des Deutschen Gartenbaues, Presseausschnitt, 1933

Blick in die Rosenausstellung mit Führerporträt, Foto, 1936

Die Zahl der an der Ausstellung beteiligten Rosenanbauer sinkt während der dreißiger Jahre beständig, 1937 sind es nur noch zwölf Betriebe, die mit ihren Erzeugnissen an der Schau teilnehmen. Zwar steigt die Zahl 1939 noch einmal auf zwanzig Rosenbetriebe an, aber in den zehn folgenden Jahren, bis zur ersten Nachkriegsrosenschau, werden vielen die Worte des Kreisleiters Backhaus, der in seiner Eröffnungsrede zur Rosenschau 1939 betonte, »daß erst der Nationalsozialismus die entscheidende Wende zum Besseren in Steinfurth gebracht habe«, als blanker Hohn vorgekommen sein – angesichts des angezettelten Weltkrieges mit allen seinen Folgen.

1949 läßt der Kreisresident der amerikanischen Militärregierung Friedberg von den umliegenden Gemeinden eine »Gute Nachbarschaftswoche« veranstalten, mit dem Ziel, den Erlös einer jeweils von der Gemeinde zu wählenden Veranstaltung – einem Aufbaufond – zukommen zu lassen. In Steinfurth entschließt sich die Gemeinde zur ersten Rosenschau nach dem 2. Weltkrieg.

Da von der Einrichtung und den Aufbauten früherer Rosenausstellungen nichts mehr vorhanden ist, wird der Saal an den Balkonpfeilern abgetrennt und verkleinert. Ein Tiefbeet in der Mitte des Saales, seitliche Stellagen für die Sortimentsschau und Bühnenschmuck werden eingerichtet. Auf der Empore wird die »Verwendung der Rose in Freud und Leid« gezeigt. Der Reklameausschuß gibt 2.000 Plakate in Auftrag. Dem Aufbaufond können 2.549,56 Mark überwiesen werden.

Reklame für die erste Nachkriegsrosenschau, zweifarbig gedrucktes Plakat, 1949

Die Mitglieder des Vereins Steinfurther Rosenzüchter e.V., Foto, 1951

Der Besitzer des Saales stellt den Raum für diese erste Rosenschau kostenlos zur Verfügung. Für weitere Ausstellungen von Rosen müssen aber die Verhältnisse geklärt werden, denn der Saal wurde vom Gastwirt Anton Hengst in den dreißiger Jahren verkauft, nachdem seine Nachfrage nach einer Hypothek von der Gemeinde »glänzend abgelehnt« worden war. Einige Rosenanbauer betreiben den Ankauf des Saals, der sich nach seiner Nutzung als Wehrmachtslager und als Industriebetrieb in schlechtem Zustand befindet. Sie gründen 1950 den »Verein Steinfurther Rosenzüchter e.V.«, um den Saal als Ort für Rosenschauen und als Kultur- und Sportstätte zu erhalten. Die Kaufverhandlungen des Vereins sind erfolgreich; am 1. Juli 1950 wird der Saal für 20.000 Mark gekauft. Über Anteilscheine finanziert der Verein Steinfurther Rosenzüchter den Kauf.

In den sechs folgenden Jahren zeichnet der Verein auch verantwortlich für die Rosenausstellungen, die von nun an jährlich ausgerichtet werden. 1957 und 1959 gestaltet Walter Beutnagel die Ausstellung der Rosen. 1958 Bärbel Hutter, eine Abiturientin aus Steinfurth. Ab 1960 gestaltet Philipp Arnoldi sechs Jahre lang die Ausstellungen.

1967 und 1968 übernimmt wieder ein Team die Verantwortung für die Rosenschau: Konrad Huber 12., Hugo Jung, Horst Woisetschläger, Theo Bierschenk und Otto Schwarz. Sie werden abgelöst durch Ria Steinhauer und Horst Woisetschläger ab 1969. Seit 1974 ist Ria Steinhauer alleinverantwortlich für die Gestaltung der Rosenschau.

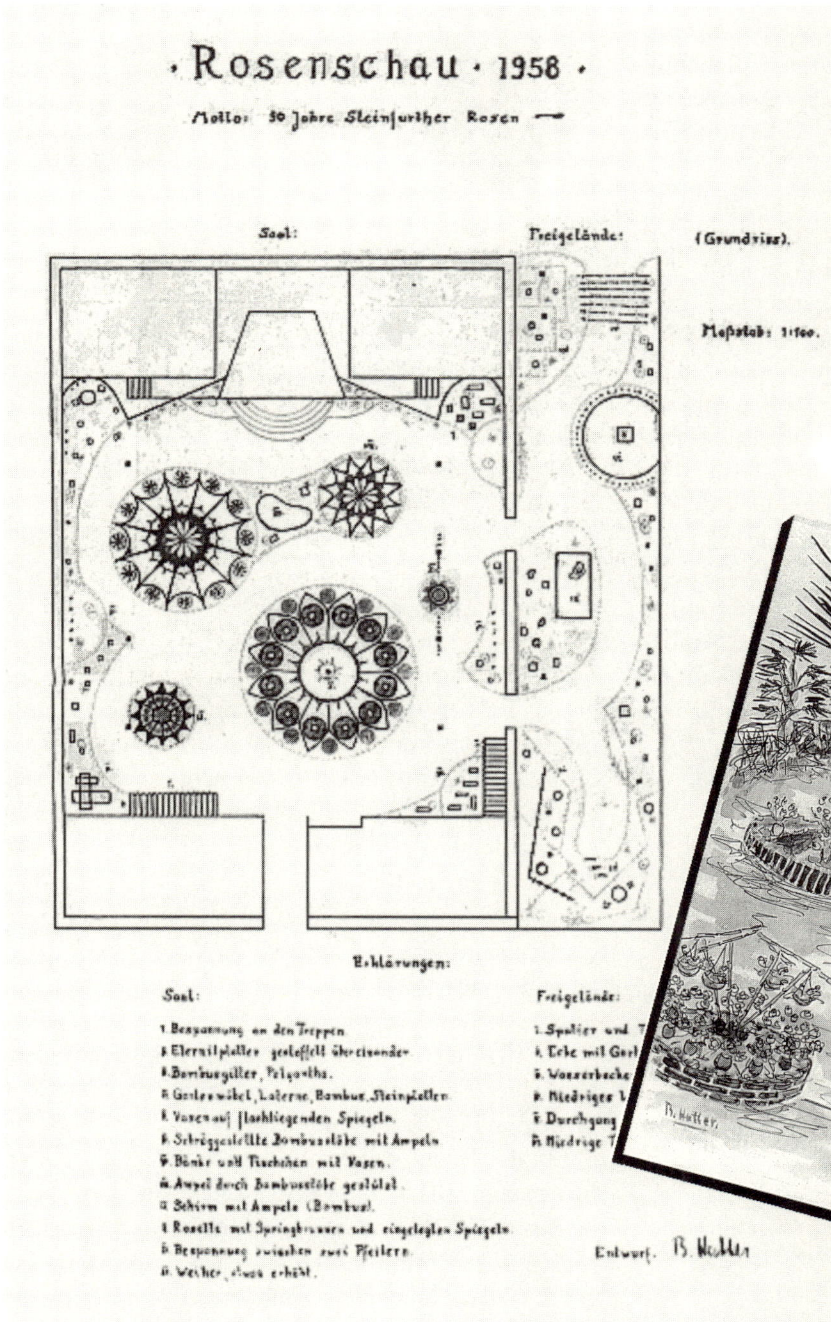

Plan für die Gestaltung der Rosenschau »90 Jahre Steinfurther Rosen«, Entwurf auf Pergamentpapier von Bärbel Hutter, 1958

Blick in die Rosenschau, farbig gezeichneter Entwurf von Bärbel Hutter, 1958

Vorbereitung der Rosenschau, Foto, 1952

1 Bad Nauheimer Zeitung, 20. 7. 1912
2 Bad Nauheimer Zeitung, 20. 7. 1936

Heinrich Schultheis — Ein Mann verändert ein Dorf

Ein Steinfurther, keiner der armen Leute, sondern ein Mitglied der Pächterfamilie Schultheis, bringt von seiner Wanderschaft aus England 1868 die Fertigkeit des Rosenanbaues mit. Sein Vater ist großzügig genug, dem Sohn Heinrich Land für dessen »Marotten« zur Verfügung zu stellen.

Es ist die Zeit der Blumenleidenschaft. Über zehntausend Rosensorten kommen allein im 19. Jahrhundert, das Rudolf Borchardt in seinem »leidenschaftlichen Gärtner«, als das Zeitalter der Fülle und Klassifikation bezeichnet, neu auf den Markt.[1]

Heinrich Schultheis macht in dieser Zeit Steinfurth zum Zentrum der Rosenwelt. Mit seinen beiden Brüdern Wilhelm und Konrad gründet er 1868 die Firma »Gebrüder Schultheis, Rosisten«.

Ludwig Möller, der Herausgeber von »Möller's Deutscher Gärtner-Zeitung«, hatte bereits einige Scherzworte über die »unscheinbare Außenseite dieser Herberge für ein Weltgeschäft« gehört, als er 1884 über Bad Nauheim ins »Tal der Rosen« reist.[2] Ihm fällt zunächst nicht die stattliche Platanenreihe am dortigen Bahnhof ins Auge, deren Stämme mit roten und weißen Mutterrosen umrankt sind. Dafür schildert er uns sein Reiseziel Steinfurth als mit einem Obstwald umgeben und die zuführenden Straßen mit Obstbäumen bestanden. Seine Erwartungen bezüglich der Schultheisschen Rosenkulturen werden weit übertroffen. Er bleibt wochenlang zu Gast bei dem Rosenindustriellen Heinrich Schultheis und hinterläßt uns eine detaillierte Beschreibung der vorgefundenen Situation.

Briefkopf der »Rosenfirma Gebrüder Schultheis«, um 1900

Die Gebrüder Schultheis: Heinrich, Wilhelm und Konrad, Foto, 1928, in einer Broschüre zum 60jährigen Firmenjubiläum

»Bei Schultheis ist alles urwüchsig, die Rosen, die Menschen und die Lebensweise.«[3]

Seinen Werdegang beschreibt der Rosenspezialist dem Gast so: »Mit Beginn meines ersten Lebensjahres wurde ich in die Welt gesetzt, besuchte dann bis zum 14. Jahr die Bauernschule in Steinfurth, erhielt bei der Konfirmation vom Paten eine silberne Uhr zum Geschenk und lernte dann mit 14-tägiger Krankheitsunterbrechung 3 Jahre lang bei schmaler Kost und wenig Geld die Gärtnerei und -Wege putzen. Dann reiste ich bis zum 24. Jahre ununterbrochen in Deutschland, Frankreich und England etc. ohne väterliche Unterstützung, sah viel und lernte. Zurückgekehrt zu Muttern, wurden Äpfelbäume und Rosen gepflanzt im Lande Canaan (Wetterau), die Rosen behielten aber bald die Oberhand, weil sie sich am besten verkiefen!«[4]

Die Brüder vermehren Rosenpflanzen auf dem Feld. Ihre Spezialität sind auf den Wurzelhals der gemeinen Hundsrose veredelte Rosen. Neben diesen niedrigen Rosen haben sie die reichste Auswahl an Hochstammrosen anzubieten. Diese sind besonders in Amerika beliebt. Die Vermehrung der niedrigen Rosen dauert mit der Anzucht der Wildlingsunterlagen aus den Hagebuttensamen vier Jahre, die Hochstämme sind erst zwei Jahre später verkaufsfertig.

Bereits 1878, zehn Jahre nach Firmengründung, vermehren die Gebrüder Schultheis 1.495 Rosensorten in unterschiedlichen Mengen. Es sind im einzelnen 1.017 Sorten Hybridrosen, 190 Sorten Teerosen, 98 Sorten Bourbonrosen, 74 Sorten Moosrosen, 33 Sorten Noisetterosen, 25 Sorten Provencerosen, 20 Sorten Bengalrosen, 19 Sorten Kletterrosen, 15 Sorten Centifolien und 4 Sorten Kapuzinerrosen. Im Jahr 1880 sollen 286 Sorten Neuheiten dazukommen.[5]

Auf den Zeitgeschmack der Kundschaft wird Rücksicht genommen: Moderosen werden auf Vorrat produziert. Für die Gartenbeete bevorzugt das Liebhaberpublikum um 1880 satte Farben, für den Zimmerflor zartfarbiges. »Diktiert der Zeitgeschmack dem Hausgarten des Spießbürgers eine Maréchal Niel oder eine General Jaqueminot, der Terrasse im Vorgarten der gräflichen Villa eine Gruppe La France und eine solche Enfant de Lyon, dem Blumentische der Frau Kommerzienrätin einige Mistriss Bosanquet und Jules Margottin als unentbehrliche standesgemäße Inventarstücke, so sind diese im Angebot zu finden.«[6] Die Abnehmer sind das hochherrschaftliche bis gutbürgerliche Publikum.

Möller beschreibt den Reiz einer Wanderung durch die Schultheisschen Rosenfelder, wo die gangbarsten Sorten nicht zu fünfzig, hundert oder tausend Exemplaren, sondern in ganzen Feldern stehen: »La France 25.000 Pflanzen, General Jaqueminot und Kapitän Christy 18.000 Pflanzen, Crimson Bedder in 14.000, Louise Odier, Triomphe de l'Exposition, Paul Neyron in je 12.000, Jules Margottin, John Hopper, Mistriss Bosanquet, Souvenir de la Malmaison, Anna Alexieff in je 8.000, Elisa Boelle, Dr. Andry, Charles Lefébvre je 6.000, La Rosière, Abel Carriere, La Reine in je 5.000, Boule de neige, Abel Grand, Duchesse Mathilde, Marie von Houtte, Niphetos in je 4.000 Exemplaren und so fort, durch das ganze Sortiment.«[7]

Das Rennen macht in der Saison 1882 die Baronne de Rothschild, edel geformt und zart gefärbt, aber geruchlos. Ausschlaggebend sind die amerikanischen Kunden, dort wird die Rose unter dem Schlagwort »Rose der Saison« verkauft. Insgesamt über zehntausend Exemplare.

Schultheis schreibt 1889 in seinem »Deutschen Rosenbuch«: »Die Rose ist nun einmal Modeblume! Ist's ihr Farbenschmelz, ist's ihr köstlicher Duft oder ihr Blütenreichtum, der ihr Eingang bei arm und reich verschaffte?«[8]

»Rosen für alle, Rosen für immer.« Unter dieses Motto stellt Schultheis das von der Firma herausgegebene einschlägige Rosenbuch und legt damit einem breiten Publikum Zeugnis von seinem umfangreichen Wissen über Rosen und seinen schriftstellerischen Fähigkeiten ab.

96 Namen-Verzeichnis aller Edel-Rosen.

Veredlungs-Material.

Oculier- u. Rosen-Messer

der

Rosenfirma Gebr. Schultheis, Steinfurth, Nauheim.

a) Oculiermesser mit Elfenbeinheft.

b) Oculiermesser mit Gummiheft,

schwarz (Spalte an der Klinge).

Starke Rosenmesser mit Hirschhornheft,

zum Beschneiden starker Rosen.

Rosen-Scheren.

Vollständiges

Namen-Verzeichnis

aller vorhandenen

und bekannten

ROSEN.

Rosenfirma

Gebrüder Schultheis

Steinfurth

bei Bad Nauheim, M.W.B., Hessen.

Alle Preise dieses Katalogs sind nur gültig bis December 1893.

Rosenkatalog der »Rosenfirma Gebrüder Schultheis«, 1892

Rosenetikett der Rose Princess Christine de Salm, Porzellan, um 1900

Rosenausstellung der »Rosenfirma Schultheis«, Foto, nach 1920, Leihgabe Anneliese von Löw

Familie Schultheis im Garten, Foto, vor 1920

Er versteht es immer, sein Anliegen, die Rose, ihre Anzucht, ihre Varietäten und ihre Kulturgeschichte in zahlreichen Zeitschriftenartikeln der interessierten Öffentlichkeit nahezubringen. Als Forum dient ihm insbesondere die »Rosen-Zeitung«, das Verbandsorgan des Vereins Deutscher Rosenfreunde. (→ VEREIN)

Nach der Vereinsgründung 1883 dauert es drei Jahre bis zur Herausgabe der ersten Rosen-Zeitung. Schultheis versucht zwischenzeitlich mit einer eigenen Rosen-Zeitung auf den Markt zu kommen. Diese »Deutsche Rosen-Zeitung« erscheint jedoch nur zwei Jahre und wird dann eingestellt.

Neben der »Rosen-Zeitung« ist »Möller's Deutsche Gärtner-Zeitung« das Sprachrohr für Nachrichten aus der Steinfurther Rosenwelt. Mehrere Jahre berichtet Schultheis hier über Rosenneuheiten. Sein Bruder Anton, der 1885 mit dem Erlös einer ganzen Schiffsladung Rosen nicht nach Hause kommt, sondern sich in Amerika selbständig macht, stellt den dortigen Rosenmarkt den deutschen Lesern vor.

In Steinfurth erscheinen aufwendige Rosenkataloge, auch in englischer und russischer Sprache. Korrespondiert wird in Französisch, Englisch, Holländisch, Dänisch und Italienisch. Noch heute existiert im Besitz der Familie ein mit farbigen Rosenlithografien ausgestatteter Katalog aus dem 19. Jahrhundert.

Auch die nächste Generation leistet auf diesem Gebiet Hervorragendes. 1928 verpflichtet man als Autor den späteren Träger des Georg-Büchner-Preises, Albert H. Rausch (ab 1932 Henry Benrath), für den reich ausgestatteten Band »Die Welt der Rose«. (→ WETTERAU)

Ein Jahrzehnt nach der Firmengründung, 1878, ziehen die Rosisten bereits 180.000 Hochstämme und 200.000 niedrige Rosen. Sie bewirtschaften mit sechzig Arbeitern und vielen Hilfskräften rund 120 Morgen Ackerland. Neben dem Verkauf der Rosenpflanzen ist der Verkauf von Schnittrosen in die umliegenden Badeorte ein einträgliches Geschäft. Bad Homburg, Bad Soden, Wiesbaden, Bad Ems sind die Ziele der unzähligen mit Rosen gefüllten Körbe, die von Mai bis Ende Oktober in Steinfurth auf den Weg gebracht werden.

Einer der Durchreisenden hat uns eine ausführliche Schilderung gegeben, wie er erst bei seinem

Besuch in Steinfurth begreift, »wie es möglich ist, radgroße Bosquets herzustellen, in denen eine Rose genau der anderen in Form und Farbe gleicht. Und welche Farben gibt es in Rosen! Nicht nur, daß das Roth sich bis zu Violett hinüberneigt, das Gelbe sich bis zu Kupfer steigert, nein, das Braun färbt sich fast bis zu Schwarz, und das Weiß zeigt Nüancen in Farbanflügen, die unglaublich erscheinen. Betrachten wir nun aber gar erst die Farbenübergänge und die Reflexe näher, sehen wir uns die gestreiften und marmorierten, oder die aus Ober- und Unterseite verschieden gefärbten Blütenblätter an – so entsteht eine nahezu sinnenverwirrende Mannigfaltigkeit der Farben.«[9]

Die Innovationsfreude der Rosenbrüder ist in den Anfangsjahren ungebrochen, sie verkaufen nicht nur Schnittrosen, sondern auch die Blütenblätter der Blumenkönigin: »Von den noch nicht versandfertigen Stöcken werden in Steinfurth jeden Abend die voll erblühten Rosen abgeblättert, und die Blätter gehen gleichmäßig täglich nach Offenbach und Frankfurt a. M., um in dortigen Fabriken zu Schnupftabak verwendet zu werden. Das ist eine recht prosaische Verwendung – allein ein gutes Geschäft, wenn man, wie in Steinfurth im vorigen Jahr (1878), 2.300 Kilogramm Rosenblätter zu versenden hat.«[10]

Aber nicht nur im Schnupftabak überlebt der Duft der Steinfurther Rosen den Sommer, auch Rosenöl beginnen die Brüder herzustellen. Sie sind neben der Firma Schimmel in Leipzig die zweite Firma, die es unternehmen will, dem oft gefälschten orientalischen Rosenöl mit absolut reinem Rosenöl Konkurrenz zu machen. Schultheis schreibt um 1880: »Jetzt etwa 60 Morgen neues und 120 Morgen altes Land. Im Augenblick sind Rosendestillierapparate aufgestellt, weil der Erlös des Rosenverkaufs fast den Eispunkt erreicht hat.«[11] (→ Öl)

1 Rudolf Borchardt: *Der leidenschaftliche Gärtner,* Nördlingen, 1987
2 Ludwig Möller: *Bei den Gebrüder Schultheis in Steinfurth,* in: Möller's Deutsche Gärtner-Zeitung, 1884, Seite 148
3 Ludwig Möller, ebenda, Seite 148
4 Ludwig Möller: *Vom Verein Deutscher Rosenfreunde und seinen Leitern,* in: Möller's Deutsche Gärtner-Zeitung, 1886, Seite 236
5 August Luft: *Die Rosenschulen der Herren Gebrüder Schultheis in Steinfurth bei Nauheim,* in: Möller's Deutsche Gärtner-Zeitung, 1880, Seite 102
6 August Luft, ebenda, Seite 102
7 Ludwig Möller: *Bei den Gebrüder Schultheis in Steinfurth,* in: Möller's Deutsche Gärtner-Zeitung, 1884, Seite 148
8 Rosenfirma Gebrüder Schultheis: *Deutsches Rosenbuch,* Vorwort, Steinfurth, 1889
9 Hermann Lüdicke: *Die Rosen von Steinfurth,* in: Daheim – Ein deutsches Familienblatt mit Illustrationen, 1879, Seite 290
10 Hermann Lüdicke, ebenda, Seite 290
11 Ludwig Möller: *Vom Verein Deutscher Rosenfreunde und seinen Leitern,* in: Möller's Deutsche Gärtner-Zeitung, 1886, Seite 236

90jähriges Firmenjubiläum der Firma Schultheis, Foto, 1958

Sprichwörter[1]

Auch die zertretene Rose duftet Auch Rosen werden welk *Aus den wenigsten Rosen wird Oel gepresst* Aus einer duftenden Rose wird kein stinkend Bilsenkraut *Der Rose geht nichts ab, wenn sie auch unter Dornen steht* Die letzte Rose, welche abfällt, macht den Rosenstrauch zum Strauche *Die reinste Rose, die in Dornen fällt, ritzt ihr Blatt* Die Rose blüht (bleibt Rose), auch wenn sie unter Dornen steht *Die Rose ist Königin* Die Rose ist nie so stolz als auf die erste Knospe *Die Rose kan nicht jedermann brechen* Die Rose riecht, die Dorne sticht; wer bald bezahlt, vergisst es nicht *Die Rose weiss nicht, dass sie duftet* Die Rose weiss nicht, in welchen Händen sie ist *Die Rosen, so man lang in Händen trägt und daran riechet, die bleibt nit* Die Rosen verblühen, aber die Dornen bleiben *Die schönste Rose duftet nicht für sich* Die schönste Rose verliert ihren Duft *Die schönste Rose wird endlich zur Hagebutte* Die schönste Rose wird welk *Die schönsten Rosen welken zuerst* Die welkste Rose hat die schärfsten Stacheln *Drei Rosen blühn auf einem Stiel: fahr' nicht zuerst, iss nicht zu viel* Eine einzige Rose hat viel Dornen *Eine gebrochene Rose verwelkt bald* Eine Rose ist leicht geziert *Eine Rose macht keinen Kranz (Frühling)* Eine Rose verwelkt so gut wie eine Kornblume *Eine verblühte Rose erblüht nicht wieder* Es blühen nicht alle Rosen roth *Es ist kein Ros, es ist ein Dorn dabei* Es ist kein Rose ohne dück *Es ist kein Rose, sie ist zuvor ein knopff gewesen* Es ist keine Rose so schön, sie welkt zuletzt *Es riecht nicht nach Rosen, wenn man Kloaken räumt (Mist schaufelt)* Es soll bleiben unter der Rosen, was wir hier treiben und kosen *Gebrochene Rose verwelkt* Man riecht lieber frische Rosen *Gemalte Rosen duften nicht* Hätte die Rose keine Dornen, plünderte jeder Knabe den Stock (Strauch) *Hinter den Rosen steckt die Schlange* Ist's eine Rose, so wird sie blühen, ist's ein Dorn, so wird er stechen *Keine Rose ohne Dorn, keine Liebe ohne Dorn* Keine Rosen ohne Dornen *Man bringt die Rose an die Nase, wenn man riecht* Man kann nicht immer Rosen pflücken (auf Rosen gehen) *Man muss die Rose auf dem Stiel nicht verwelken lassen* Man muss die Rosen pflücken, wann sie blühn *Man muss nicht von Rosen träumen, wenn der April wettert* Mancher will Rosen brechen und lässt sich von Hagebutten stechen *Mit frischen Rosen und Jungfern darf man nicht lange scherzen* Neben den Rosen darf auch wol eine Tulpe blühen (stehen) *Pflück' die Rose wenn sie blüht, schmiede wenn das Eisen glüht* Rosen auf den Lippen, den Schelm im Nacken *Rosen auf den Wangen und Dornen im Gewissen (Gemüth)* Rosen blühen aus den Dornen *Rosen blühen, Dornen stechen* Rosen blühen nicht immer *Rosen kann nicht jeder brechen* Rosen lieben die Dornen *Rosen mus man brechen, weils Früling ist* Rosen pflücke, ehe sie verblühen *Rosen und Jungfrauen sind bald entblättert* Rosen und Lilien sind schöne Blumen, aber sie bringen keine Frucht *Rosen und Nesseln stehen oft beisammen* Rosen wachsen unter Dornen, das gut unter dem bösen *Späte Rosen im Garten lassen schönen Herbst erwarten* Unter den Rosen sind viel Dornen *Verblühte Rosen pflückt (bricht) man nicht Vergiss die Rosen über dem Tisch nicht! Viel Rosen, scharfes Wintertosen Was ein Rohs will werden, das blühet, was ein Dorn will werden, das sticht Was kan die Rose dazu, dass ihr süsser Honig der Spinnen zu Gift wird Was kann die Rose dafür, wenn ein Hund daran pisst Wegen der Rosen begiesst man die Dornen Wem die Rose nicht gefällt, der gibt für keine Nessel Geld Wenn die Rose aufgeblüht ist, sieht man wol, dass sie kein blosser Dorn Wenn die Rose einmal vergangen, musst du nicht das zweite mal danach langen Wenn die Rose Früchte trägt, sind's Hagebutten Wenn die Rose sich schmückt, so schmückt sie auch den Garten Wenn die Rose verblüht, bleiben die Dornen zurück Wenn die Rosen vergangen, so wünscht man sie vergebens Wenn die schönste Rose auf dem Markt tritt, fällt der Preis der andern Wenn eine Rose verblüht, so springt eine andere Knospe auf Wenn man die Rose haben kann, greift man nicht nach der Distel Wer die Rose will, muss die Dornen mitnehmen Wer Rosen bricht, die Finger sticht Wer Rosen nicht im Sommer bricht, der bricht sie auch im Winter nicht Wer will haben die Rosen, muss die Dornen kosen Wer will Rosen brechen, der muss die Dornen nicht fürchten Wer will Rosen brechen, muss nicht fürchten der Dornen Stechen Wer will Rosen pflücken gehen, lasse hübsch die Dornen stehen Wie die Rosen blühen, so blühen die Trauben Wo e Rösi is, is aach e Dörnche Wo man Rosen streut, da fleucht die Zeit Zerzupfte Rose lobt niemand mehr Zwischet zwei Rosa gehört a G'schoss Zwischet zwei Rosa g'hört a Knopf Allhie under der rosen gesagt Auf lauter Rosen sitzen Auf Rosen gehen Da blüht ihm keine Rose Das heisst, die Rose gewiesen und den Dorn gegeben Das sol unter der Rosen bleiben Das wird ihm keine Rosen tragen Die Rose fiel der Meerkatze zum Lose Die Rose ist zu früh gepflückt Die Rose küssen und nicht daran riechen Eine Rose brechen ohne Dornen Er sitzt in Rosen wie ein Katz im Rauchloch Er sitzt nicht auf Rosen Es ist die schönste Rose ihres (seines) Huts Es sey unter den Rosen geredt In lauter Rosen sitzen (oder: baden) Rosen und Disteln vergleichen Sich auf Rosen betten Sie ist einmal bei einer Rose vorbeigegangen Unter der Rose gesagt Ein Rosenblatt fällt manchmal auf einen Kuhfladen Es ist nicht auf Rosenbletter zu bauen Rosenblätter und Aprilwetter, Gras und Glas währt keins lang Rosenduft ist angenehm für die Nase, aber nicht für den Magen Von Rosenduft und Mondschein kann man nicht leben Im Rosengarten ist die Rose keine seltene Blume Die kommt in keinen Rosengarten Im Rosengarten sitzen Es ist ein Rosengässler Den Rosenkranz in der Hand, den Teufel im Herzen Der Rosenkranz überwältigt die Höllenschanz' Die den Rosenkranz tragen in der Hand, sind nicht die besten im Land Den Rosenkranz aufs Grab legen Die werden auch keinen Rosenkranz miteinander beten Der Rosenstrauch ist wol voller Stacheln, aber er bringt auch schöne Rosen Er hat den Rosentopf aufgedeckt Fremdes Rosenwasser duftet besser als eigenes Rosenöl Röslein, die zu brechen, muss man brechen heut' Wer Röslein nicht im Sommer bricht, der bricht sie auch im Winter nicht Er steckt em es Röseli Es ist jr ein röslein auss dem krentzlin entfallen Umb weniger rosen willen heget man einen grossen Dornstrauch*

1 Karl Friedrich Wilhelm Wander: *Deutsches Sprichwörterlexikon*, 1873

Steinfurth — Hier lehnen die Häuser an den Rosen

Fast das gesamte Land der Gemarkung Steinfurth ist noch im 19. Jahrhundert im Besitz der beiden Linien der Familie von Löw. »Seit Ende des 14. Jahrhunderts gehören ihnen nachweislich 80 % der Flur. Zu diesem Landbesitz gehören vier Höfe, eine Mühle, ein Schäferhaus und ein herrschaftliches Wohnhaus, ursprünglich wohl im ältesten Teil des Ortes, später wird dafür ein Neubau errichtet, das Schloß.«[1]

Die Äcker der Grundherren werden an die vier Gutshöfe und den Mühlhof verpachtet. Außer den Gutspächtern, die nach Ablauf der Pachtzeit häufig Land erwerben, gibt es um diese Zeit nur eine Handvoll grundbesitzender freier Bauern. Der größte Teil der Bevölkerung sucht seinen Verdienst als Tagelöhner, Knecht oder Magd auf den Pachthöfen. Die Freiherren beschäftigen einige Diener für ihre Zwecke, einen Flurschützen, einen Nachtwächter, zwei Hirten, einen Förster und einen Gärtner für ihre Parkanlage am Schloß. Die Freifrau von Löw stellt eine Köchin und ein Kindermädchen ein.

Mehr und mehr Menschen sehen für sich in Steinfurth keine Zukunft mehr; zu patriarchalisch und kärglich fristen sie dort ihr Leben. Die Alternativen finden sich außerhalb des Dorfes; Industriearbeit in der Stadt oder Auswanderung in die USA.

»Das Schloß« der Familie von Löw zu Steinfurth von Westen aus gesehen, Foto, um 1930, Leihgabe Anneliese von Löw

Als Heinrich Schultheis 1868 die Fertigkeit des Rosenanbaues aus England nach Steinfurth bringt, werden die Vorbehalte im Dorf gegen die Vermehrung von Rosen anstelle des Anbaus von Feldfrüchten zunächst von einzelnen, später vom ganzen Dorf aufgegeben. (→ Schultheis, → Anbau der Rosen)

Viele Steinfurther lernen bei Schultheis die Fertigkeit des Rosenanbaues und bekommen dadurch wieder eine Perspektive. Selbst die häufige Beschäftigung eines Rechtsanwaltes gegen wirkliche oder vermeintliche Spione aus dem Dorf, die sich auf den Feldern des Initiators über Rosenneuheiten informieren, kann nicht verhindern, daß sich bereits vor der Jahrhundertwende, 1882 und 1888, grundbesitzende Bauern mit eigenen Rosenbetrieben selbständig machen. Ein Großteil der Dorfbewohner ohne Landbesitz zieht Rosen für Schultheis im Vertragsanbau.

1901 schreibt der Pfarrer in der Kirchenchronik: ». . . die von vielen Bewohnern in jüngster Zeit betriebene Rosenzucht ist trotz vieler Arbeit recht lohnend. Hauptsächlich sind es Niederrosen, d. h. am Wurzelhals des Wildlings okulierte, die gezogen werden. Es sind sicherlich 60 Einwohner, die einen Gewerbeschein zum Rosenhandel gelöst haben. Der Handel geht bis nach Dänemark, Russland, selbst nach Italien. Einzelne Geschäfte ziehen jährlich bis 300.000 Pflanzen, dazu kommt, daß zur Blütezeit der Rosen, der Versand der Rosen ganz ungeheuerlich ist. In Moos verpackt, geht die Blume nach verschiedenen Orten des In- und Auslandes. Durch den Rosenanbau kommt Wohlstand nach Steinfurth.«[2]

Die wirtschaftliche Notlage der bäuerlichen Betriebe mit der Notwendigkeit eines zusätzlichen Einkommens sind aufgrund der Untersuchungen

Postkarte, farbig gedruckte Lithografie, um 1900

von Günther Nagel als Ursache für die Entstehung des Rosenanbaugebietes anzusehen. Um die Jahrhundertwende wächst die Bereitwilligkeit im Dorf, mit dem Rosenanbau einen Versuch zur Existenzsicherung zu unternehmen.

»In mehr als der Hälfte der landwirtschaftlichen Betriebe ging die Gütererzeugung nicht über die Selbstversorgung hinaus. Für die große Zahl der kleinst- und zwergbäuerlichen Betriebe gab es nur zwei Möglichkeiten zur Sicherung ihrer Existenz; ein nebenberuflicher Zuverdienst aus Handel, Industrie oder als landwirtschaftlicher Lohnarbeiter und die Aufstockung und Intensivierung ihrer Betriebe. Eine Aufstockung der Betriebsgrößen war aus den genannten Gründen (Landbesitzverhältnisse) jedoch noch nicht zu realisieren; so wurde der ertragsintensive Rosenanbau als eine willkommene Intensivierungsmöglichkeit angesehen. Gerade die Kleinbetriebe waren von ihrer Betriebsstruktur her geeignet, eine Sonderkultur aufzubauen, denn hier konnten die noch nicht ausgenutzten Familienarbeitskräfte gewinnbringend eingesetzt werden.«[3]

Bereits 1904 werden einige Steinfurther aktiv, um selbst Land pachten zu können. In der Kirchenchronik heißt es: »Da die Rosenzucht sehr erträglich ist, aber den Gärtnern das Land fehlt, haben diese eine Eingabe an die freiherrliche Familie von Löw hier und in Wiesbaden gerichtet, um Überlassung von Land mit dem Angebot von 40 Mark für den Normalmorgen (2.500 qm). Daraufhin hat die hiesige Familie (Baron Gustav) 700 Morgen den Gärtnern versprochen, die Familie des verstorbenen Erwin von Löw zu Wiesbaden 400 Morgen. Dadurch wird der sogenannte Mühlhof mit 600 Morgen des Heinrich Schudt 3. gekündigt. Heinrich Schudt 4. muß 200 Morgen hergeben. Die Wiesbadener Familie hebt einen Hof, den bisher Brückmann in Pacht hatte, auf und gibt 400 Morgen an eine Anzahl Gärtner. Die Übergabe erfolgt mit dem Jahr 1908.«[4]

Rosenwerbung aus Thalackers Adreßbuch, 1911

Typisches Steinfurther Bauernhaus, Foto, um 1920, Leihgabe Annemarie Thönges

Die Rosenanbauer zahlen mehr als das Doppelte der bisherigen Pacht. Dies ist möglich, da sie als Arbeitskräfte bei Schultheis vier Mark pro Tag sowie die Verpflegung verdient haben, das Vierfache dessen, was sonst in der Landwirtschaft üblich ist. Der Normalmorgen kostet sie statt bisher 18 Mark (die Gutspächter) nun 42 Mark. Das Geld ist in Dritteln zu Martini (11. 11.), Weihnachten und Petri (22. 2.) fällig.

In den ersten Jahren nach der Jahrhundertwende expandiert das Dorf immens. Zu den 173 Häusern kommen 26 neue hinzu, bis 1933 noch einmal 50. Ganze Straßen, an denen sich rosenanbauende Familienbetriebe niederlassen, entstehen. Aufgrund der guten Verdienste im Rosenanbau können einige der mittlerweile selbständigen Bauern ihre Häuser bar bezahlen.

1920 gibt es bereits über 100 Bauern, die Rosen heranziehen. In den dreißiger Jahren sind es über 250 Betriebe im Haupt- und Nebengeschäft. Einige tau-

Friedensrose, gedrucktes Foto, Rosen-Zeitung, 1917

Satzung des »Gärtner-Verein Steinfurth«, gedruckte Broschüre, 1911

send Rosenstöcke ziehen auch die Handwerker und die Industriearbeiter. Steinfurth ist zum Rosendorf der Wetterau geworden.

Zu Beginn des Jahrhunderts kommen als Zeichen des Aufschwungs nicht nur die Wasserleitung (1908) und die Elektrifizierung (1913), sondern auch die Eisenbahn ins Dorf (1910). Die Rosengärtner schließen sich 1911 zum Gärtner-Verein zusammen mit dem Ziel, gemeinsam Bast, Schwefel und Packdraht zu beschaffen und gegen »faule Kunden« zusammenzustehen. Erklärtes Ziel des Vereins ist es außerdem, eine Rosenblumenausstellung zu veranstalten. Die erste findet im Jahr nach der Gründung des Vereins statt und ist der Beginn einer bis heute andauernden Tradition, die so arbeitsintensiv wie verkaufsfördernd ist. In festlich mit Eichenlaubgirlanden dekorierten Gaststättensälen werden die Rosen präsentiert. (→ ROSENSCHAU)

Die 1917 auf den Markt geworfene »Friedensrose« bleibt erfolglos. Zahlreiche Rosengärtner fallen im 1. Weltkrieg, und erst ab Mitte der zwanziger Jahre kann an die Tradition der Rosenausstellungen angeknüpft werden.

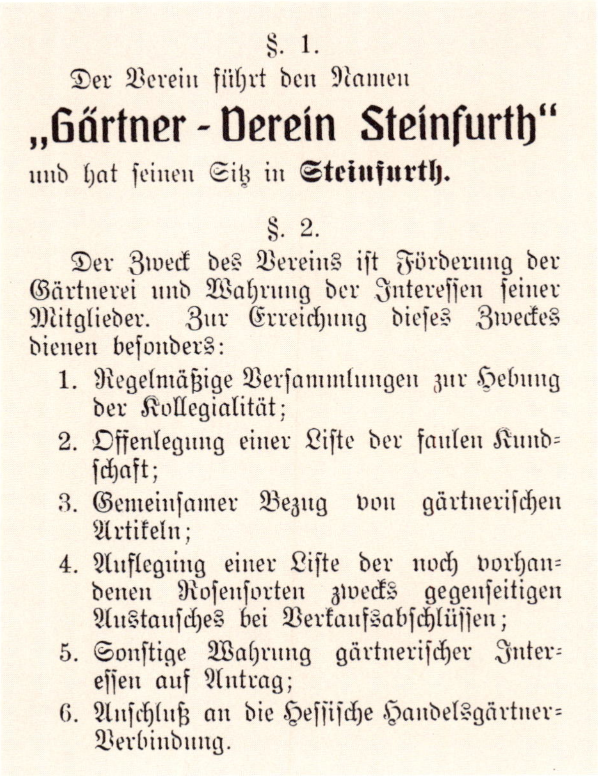

§. 1.

Der Verein führt den Namen

„Gärtner - Verein Steinfurth"

und hat seinen Sitz in **Steinfurth.**

§. 2.

Der Zweck des Vereins ist Förderung der Gärtnerei und Wahrung der Interessen seiner Mitglieder. Zur Erreichung dieses Zweckes dienen besonders:

1. Regelmäßige Versammlungen zur Hebung der Kollegialität;
2. Offenlegung einer Liste der faulen Kundschaft;
3. Gemeinsamer Bezug von gärtnerischen Artikeln;
4. Auflegung einer Liste der noch vorhandenen Rosensorten zwecks gegenseitigen Austausches bei Verkaufsabschlüssen;
5. Sonstige Wahrung gärtnerischer Interessen auf Antrag;
6. Anschluß an die Hessische Handelsgärtner-Verbindung.

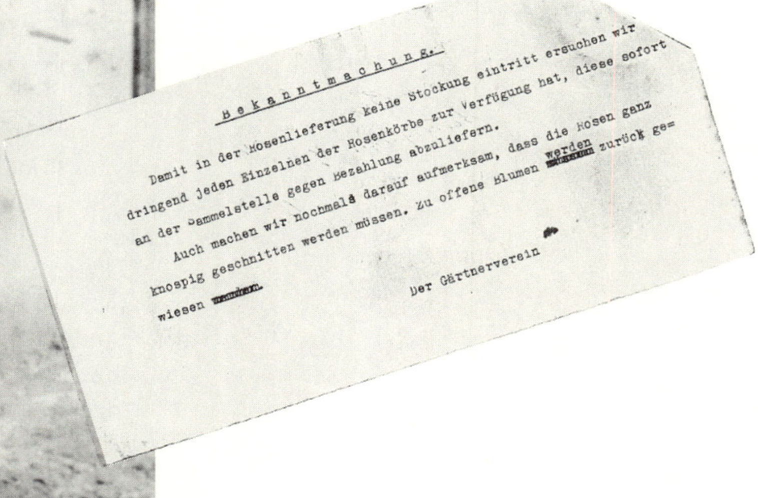

B e k a n n t m a c h u n g.

Damit in der Rosenlieferung keine Stockung eintritt ersuchen wir dringend jeden Einzelnen der Rosenkörbe zur Verfügung hat, diese sofort an der Sammelstelle gegen Bezahlung abzuliefern.

Auch machen wir nochmals darauf aufmerksam, dass die Rosen ganz knospig geschnitten werden müssen. Zu offene Blumen werden [redacted] zurück gewiesen [redacted]

Der Gärtnerverein

Margarete Kaul, die Frau des Ortsdieners, Anfang 20. Jahrhundert, Leihgabe Hedwig Geller

Ludwig Alban, der Ortsdiener mit der Ortsschelle, Foto, um 1900, Leihgabe Hedwig Geller

Manuskript einer Bekanntmachung des Gärtner-Vereins, die durch den Ortsdiener ausgerufen wurde, maschinengeschriebenes Blatt

Trotz der Folgen des 1. Weltkrieges führt die mit der Auflösung der Pachthöfe ab 1918 verbundene Ausbreitung des Rosenanbaues auf das ganze Dorf zu stabilen Verhältnissen, die das Dorf zum geeigneten Demonstrationsobjekt für die NS-Propaganda vom »gesunden Bauernstand« machen. So sind es nach 1933 die NS-Organisationen »Kraft durch Freude« und das »Amt für Volkswohlfahrt«, die gemeinsam mit dem Gärtner-Verein Rosenausstellungen ausrichten. Ehemals genossenschaftliche Aspekte der Rosenausstellungen kommen nicht mehr zum Tragen; jeder Rosenbetrieb konkurriert jetzt wieder namentlich gegen den Nachbarn.

Obwohl ein Steinfurther Rosengärtner mit dem Versuch, beim Reichsnährstand in Berlin eine Genehmigung zum Anbau von Rosen auch während des Krieges zu erhalten, »für den Endsieg«, Erfolg hat, bricht der Rosenanbau mangels Absatzmöglichkeiten zusammen.

Elvis Presley beim Umsetzen des Gedenksteins der Gefallenen des 1. Weltkrieges in Steinfurth, Foto, 1959

Erntedankfest in Steinfurth, Foto, nach 1933, Leihgabe Herrmann Falk

Gedenkstein der Gefallenen des 1. Weltkrieges, Foto, vor 1959, Leihgabe Anneliese von Löw

Ruhm von Steinfurth, gedrucktes Foto, Rosen-Zeitung, um 1920

Die stetig anwachsende Erfolgsbilanz des Rosendorfes läßt darüber hinwegsehen, daß der agrartechnische Fortschritt Steinfurth in den dreißiger Jahren nicht mehr erreicht. 1939 wird ein Schlepper von der Spar- und Darlehenskasse angeschafft. Arbeitserleichterung und Produktivitätssteigerung durch Maschinenkraft setzen sich in Steinfurth erst nach dem 2. Weltkrieg durch.

»Steinfurther Rosenkrieg«

Mühsam kommt der Rosenanbau nach dem 2. Weltkrieg wieder in Gang. Es fehlt an allem, an vorhandenen Rosen, die vermehrt werden können, an Arbeitskräften, an Nahrungsmitteln und an Rosenkunden.

Trotzdem findet 1949 auf Anregung der amerikanischen Besatzungsmacht das Rosenfest erstmals wieder statt. Die ganze Gemeinde ist bei der Vorbereitung des Festes mit einbezogen.

Das Rosengeschäft bringt noch wenig Gewinn, obwohl der Absatz floriert. Die fleißigen Steinfurther Rosengärtner bieten ihre Rosen zu Billigpreisen an und stolpern in den nächsten Krieg, den Steinfurther Rosenkrieg. Die Rosengemeinde mit dem größten geschlossenen Rosenanbaugebiet Deutschlands läuft Sturm gegen den Prozeß der industriellen Pflanzenproduktion und dessen Marktgesetze, die sie um ihr Überleben bangen lassen.

Holsteinische Rosenzüchter, die Konkurrenz aus dem Norden, die vor allem Rosenneuheiten auf den Markt bringen, haben die Rosen »Rouge Meilland«, »Kordes Sondermeldung« und die »Rote Vogue« unter Patentschutz stellen lassen. Vermehren sollen diese Rosen fortan nur noch solche Anbauer, die die Genehmigung dazu gegen eine Lizenzgebühr beim Züchter erwerben. Die Steinfurther, die ausschließlich von Rosen leben, befürchten, zwischen 10 % und 40 % ihrer Einnahmen pro verkaufter Rose an die Züchter bezahlen zu müssen. Sie kämpfen gegen die Patentierung von Pflanzen und dagegen, daß sie sich von den Züchtern Anbaumengen und Preise vorschreiben lassen müssen. Die deutschen Rosenzüchter in Holstein wollen ein in den USA schon übliches Verfahren der Patentierung von Pflanzen beziehungsweise einen Gebrauchsmusterschutz für von ihnen gezüchtete Pflanzen einführen, um den Lohn ihrer Investitionen zu erhalten. Der Krieg geht für die Steinfurther verloren; die nationalen und internationalen Marktmechanismen machen vor Steinfurth nicht halt.

Um auf dem Pflanzenmarkt weiterhin konkurrenzfähig und erfolgreich zu bleiben, entschließt sich eine Gruppe Steinfurther Rosenanbauer Ende der fünfziger Jahre, eine Absatzgenossenschaft für Rosenpflanzen zu gründen. Der einzelne rosenanbauende Familienbetrieb steht jetzt nicht mehr allein auf dem Markt, sondern über hundert Betriebe vermarkten ihre Rosen zusammen. (→ Wirtschaft)

Heute – vierzig Jahre später – müssen neue Wege gefunden werden, um weiter von den Rosen leben zu können. Ein Konzentrationsprozeß ist im Gange; die Anzahl der Betriebe sinkt beständig. Mit Hilfe neuer Maschinen können einzelne Firmen mehr Rosen produzieren. Aber die Öffnung der Märkte in Osteuropa führt zu einem Preisverfall. Wieder wird mehr produziert und weniger verdient.

1 Doris Kaufmann: *Geographische Strukturuntersuchung der Gemeinde Steinfurth mit besonderer Berücksichtigung der Rosenkulturen,* unveröffentlichtes Manuskript, 1964, Seite 15
2 Kirchenchronik der evangelischen Gemeinde Steinfurth, 1901
3 Günther Nagel: *Rosen aus Steinfurth,* in: Die Wetterau, Friedberg 1983, Seite 81
4 Kirchenchronik der evangelischen Gemeinde Steinfurth, 1908

Tag der deutschen Rose

Ein farbig gedrucktes Plakat wirbt für den »Tag der deutschen Rose« am 14./15.7.1934. Der Präsident des »Vereins Deutscher Rosenfreunde« gibt ein Jahr später den Rosenfreunden zur Kenntnis: »Die Deutsche Gesellschaft für Gartenkultur hat im vorigen Jahre unter Mitwirkung des VDR den erstmaligen Versuch unternommen, durch die Veranstaltung des „Tags der Deutschen Rose" eine grosszügige, noch nie dagewesene Propaganda für die Rose zu machen. Gleichzeitig sollte damit den nicht auf Rosen gebetteten Rosenanbauern und -züchtern durch die Lieferung der benötigten vielen Millionen Rosenblumen wirtschaftlich geholfen werden. Es war, wie gesagt, ein Versuch, der den Aufzug eines ungeheuren Organisationsapparates in nur wenigen Wochen erforderte und der dank dem Organisationstalent unseres Herrn Müllerklein, der mit der Vorbereitung des Tags der Deutschen Rose beauftragt war, und seiner unermüdlichen Schaffenskraft erfolgreich durchgeführt worden ist. Neben der gartenkulturellen Bedeutung des Tags der Deutschen Rose war dieser Tag auch eine ungeheure Reklame für die Rose in wirtschaftlicher Hinsicht, was leider nicht von allen Rosenzüchtern und -anbauern eingesehen wird. Auch hier muss der Berufsstand und der Liebhaber zusammenwirken. Ich halte die Wiederholung des Tags der Deutschen Rose für in jeder Hinsicht fruchtbar und wertvoll.« [1]

Mit welchen Methoden die Rosenanbauer in Steinfurth ihren Beitrag zu diesem Propagandaspektakel liefern, dokumentieren die Zeugnisse des Gärtner-Vereins. Zwei Millionen Rosen werden in Steinfurth geschnitten und verpackt. Die Rosenlieferung ist Pflicht. Bereits zwei Tage vor dem Ereignis dürfen keine Schnittrosen mehr gehandelt werden. Die einzige Möglichkeit für die Rosenanbauer, Rosen abzusetzen, ist ihr Verkauf an die NS-Organisationen zu Spottpreisen. Für hundert Rosen werden drei Reichsmark bezahlt. In Bad Nauheim wird der »Tag der deutschen Rose« groß gefeiert. Ein Rosenball, mit Wahl einer Rosenkönigin, ein Rosenkorso mit zahlreichen Motivwagen und ein Dornröschenspiel finden statt. Die emphatische Berichterstattung der Bad Nauheimer Zeitung ist als Exponat im Rosenmuseum nachzulesen.

Werbung zum »Tag der deutschen Rose« zum 14. und 15. Juli 1934, farbig gedrucktes Plakat nach einem Entwurf von Beucke

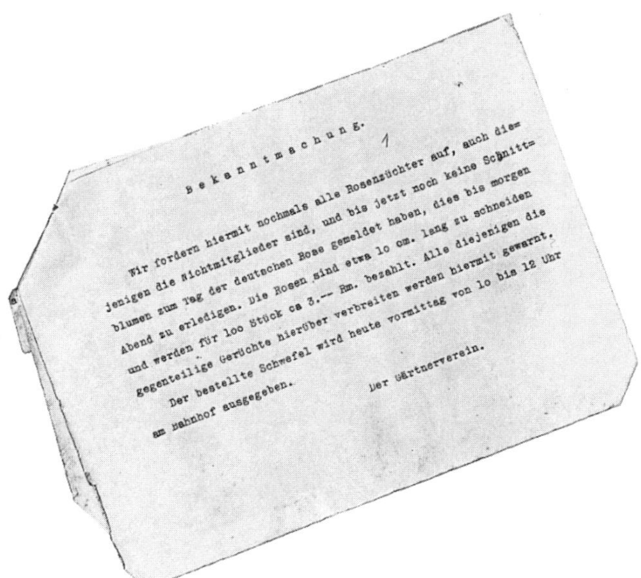

Bekanntmachung.

1

Wir fordern hiermit nochmals alle Rosenzüchter auf, auch diejenigen die Nichtmitglieder sind, und bis jetzt noch keine Schnitt=blumen zum Tag der deutschen Rose gemeldet haben, dies bis morgen Abend zu erledigen. Die Rosen sind etwa 10 cm. lang zu schneiden und werden für 100 Stück ca 3.-- Rm. bezahlt. Alle diejenigen die gegenteilige Gerüchte hierüber verbreiten werden hiermit gewarnt.

Der bestellte Schwefel wird heute vormittag von 10 bis 12 Uhr am Bahnhof ausgegeben.

Der Gärtnerverein.

Bekanntmachung des Gärtner-Vereins Steinfurth zum »Tag der deutschen Rose«, maschinengeschriebenes Blatt, 1934

1 Eckert: *Rosenliebhaber und Fachmann im Verein Deutscher Rosenfreunde in gegenseitiger Ergänzung und Gemeinschaftsarbeit,* Kurzreferat im Protokoll der VDR-Jahrestagung, Mainz, 1935

Urrose

Sicher ist die Urrose einfach und fünfblättrig gewesen. Gewiß war die Wildform der Rose die ursprüngliche, und die Ahnen unserer Gartenrosen wurden importiert. (→ Zahme Rosen)

Die Rosen gehören zur Pflanzenfamilie der Rosaceen, die über 2.000 verschiedene Arten umfassen und zu denen die Apfelbäume, die Birnbäume, die Pfirsiche und die Aprikosen gehören wie auch Erdbeeren, Himbeeren und Brombeeren. Rosensorten gibt es heute etwa 30.000, weshalb die Rosenforschung noch heute wie zu Goethes Zeiten sich der wissenschaftlichen Klassifikation entzieht. (→ Goethe)

»Die heimische Hundrose „Rosa canina" verkörpert die ungefüllte, einfache Rose am reinsten. Auf den grünen Kranz der fünf Kelchblätter folgen ebensoviel zartrosa getönte Blumenblätter. Ihr zarter Duft lockt zahlreiche Insekten herbei, die nach Nektar und Pollen suchen und dabei aus dem dichten Kranz der Staubgefäße den Pollen zu den Fruchtblättern tragen, die in der Blütenmitte in vielzähligem Strauß beieinander stehen und in einer urnenförmigen Vertiefung enden. Dieser bauchige Behälter, die Hagebutte, schwillt zur Zeit der Reife dick und rund an, streckt sich mitunter mehr in die Länge und beherbergt eine große Schar Kerne, die Rosensamen.«[1]

Die Staubgefäße werden auch Staubblätter genannt, weil sie ehemals Laubblätter waren. Für die Blüte, die höchste Stufe der Pflanzenentwicklung, werden vorhandene Laubblätter in Blütenblätter umgewandelt. Je nachdem, welche Aufgabe die Blütenblätter erfüllen, heißen sie Kelchblätter, Blumenblätter, Staubblätter oder Fruchtblätter. In dieser Umwandlung liegt das Geheimnis der gefüllten Rose.[2] Bei ihr ist die Vielzahl von fünf Blütenblättern meist kaum noch zu zählen, vor allem, weil sich meist in der Mitte noch eine ganze Anzahl nicht voll ausgebildeter Blütenblätter befindet.

Die grünen Kelchblätter haben eine Besonderheit, die für alle Rosen gilt, zwei Kelchblätter sind ganz glatt, zwei haben auf beiden Seiten einen Bart, eines hat nur einen halben Bart. (→ Kurzweil)

Blühender Seitensproß der Weinrose

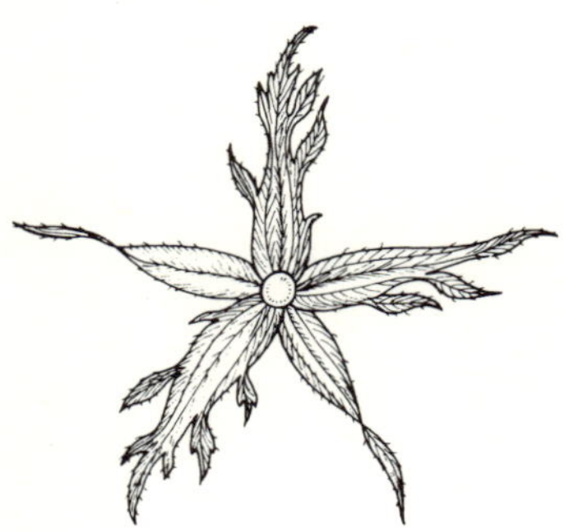

Kelche der Rosenblüte von unten

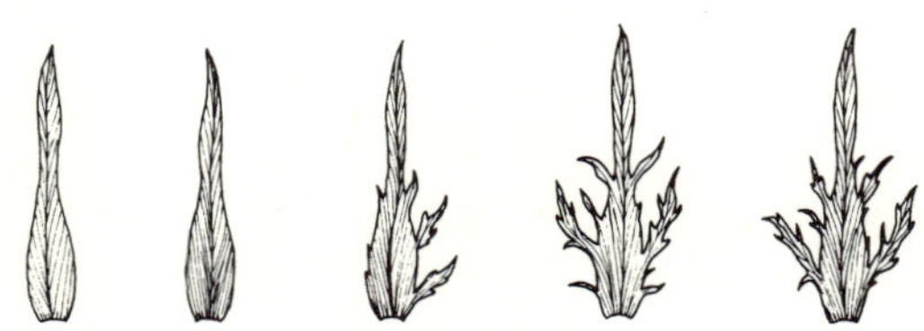

Kelchblätter

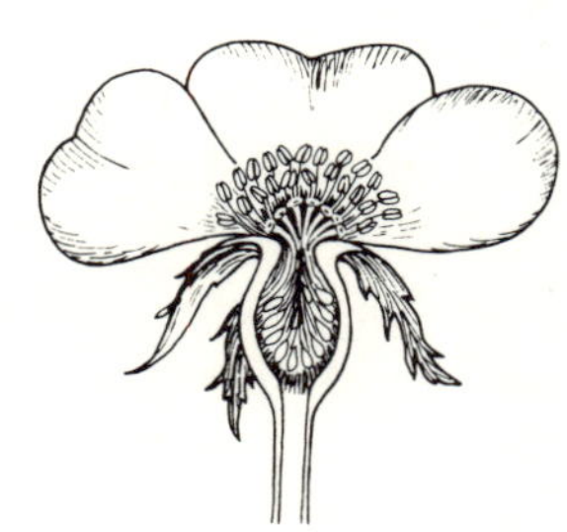

Blütenlängsschnitt

Rosenstacheln

Rosenformen

Die Blätter sind unpaarig gefiedert, das heißt, das Gesamtblatt setzt sich aus einer ungeraden Zahl einzelner Fieder zusammen; bei den Gartenrosen sind es meist fünf.

Die Hagebutte ist nicht die Frucht der Rose, sondern ihre Scheinfrucht. Nicht sie selbst, sondern die in ihr enthaltenen Nüßchen sind die Früchte der Rose. Läßt man sie wieder keimen, kommt nur selten wieder die Rose zum Vorschein, von der die Hagebutte stammt.

Die Dornen der Rose sind eigentlich Stacheln. Stacheln werden nur aus der äußersten Rindenschicht gebildet und lassen sich daher auch relativ leicht abbrechen, im Gegensatz zu echten Dornen, die aus dem Holz der jeweiligen Pflanze wachsen.

Hervorgegangen sind alle heute erhältlichen Rosen aus der »Rosa canina« (Hundsrose), »Rosa damascena« (Ölrose), »Rosa gallica« (Apothekerrose), »Rosa centifolia« (hundertblättrige Rose) oder »Rosa alba« (weiße Rose). Diese fünf Rosen mit zahlreichen Varietäten sind heute als »alte Rosen« im Handel. Zur Gruppe der »alten Rosen« zählen außerdem die Moosrosen, Chinarosen, Noisetterosen, Bourbonrosen, Portlandrosen, Teerosen und Remontantrosen.

Nachdem Linné im 18. Jahrhundert die Zweigeschlechtlichkeit der Rosen entdeckte, die er in seinem Aufsatz »Über das Beilager der Blumen« veröffentlicht, beginnt noch zu Lebzeiten Goethes das Zeitalter der Rosenzüchtung. Vor dieser Zeit haben sich die Rosen auf natürlichem Weg gekreuzt. Als erste deutsche Rosenzüchtung gilt die »Perle von Weissenstein« im 18. Jahrhundert in Kassel. Von 1810 bis 1904 kommen nicht weniger als 11.016 Rosen neu in den Handel.

Als moderne Rosen werden alle nach 1867 gezüchteten Rosen bezeichnet – dem Einführungsjahr der »La France«. Ihre Nachfahren heißen Grandiflora, Polyantha, Moschata, Hybriden, Multiflora, Wichuriana, Kordesii und Strauchrosen.

Hagebutten mit vertrockneten Kelchblattresten

1 Ilse Jaehner: *Das bunte Rosenbuch*, Gütersloh, 1965
2 Ilse Jaehner, ebenda

USA: Ringelblume contra Rose

Pressestimmen:

»Die Rose wird künftig das Blumensymbol der USA. Eine entsprechende Entscheidung fällte jetzt der amerikanische Kongreß. Das Repräsentantenhaus verabschiedete das Symbol per Akklamation. Der Senat hatte zuvor die gleiche Wahl getroffen. Die Rose wurde als „weithin anerkanntes Symbol von Liebe, Frieden, Freundschaft, Mut und Hingabe" ausgewählt. Die endgültige Entscheidung kommt nun US-Präsident Ronald Reagan zu. Die Debatte über das Blumensymbol der Supermacht gehörte seit dem 19. Jahrhundert zu den politischen Themen in der Bundeshauptstadt Washington. In den sechziger Jahren hatte es einen Augenblick lang so ausgesehen, als würde die Ringelblume das Rennen machen. Doch sie war wohl zu bescheiden im Vergleich zur ehrwürdigen, stilvollen Rose. Für die Bundesrepublik empfiehlt die taz Rosenkohl – als Symbol für Freundschaft und Hingabe.«[1]

Plattencover der amerikanischen Heavy Metal Gruppe Guns N' Roses, 1992

1 Die Tageszeitung, 25. 9. 1986
2 Leo Wieland: *Das Gesetz der Rose,* in: Frankfurter Allgemeine Zeitung, 25. September 1986
3 Time Magazine, October 6, 1986

Das Gesetz der Rose

»Washington, 24. September. Man kann es ein Jahrhundert-Gesetz nennen, weil es schon seit Ende des 19. Jahrhunderts im amerikanischen Kongreß debattiert wird. Es hat damit als Thema ein längeres Leben als jede Steuerreform und jeder Rüstungskontroll-Vertrag. Mehr als ein Dutzend Präsidenten hatte dazu eine Meinung, aber keiner die Gelegenheit, das Ergebnis zu unterzeichnen – oder ein Veto einzulegen. Jetzt ist die Situation da: Das amerikanische Repräsentantenhaus stimmte für die Rose, als Blume der Nation.

Für aufmerksame Beobachter der Legislative, wie Blumenhändler und Biologen, zeichnete sich der Triumph der – meist aus Kolumbien importierten – Dornigen und Duftenden spätestens am Ende der vergangenen Woche ab. Damals trugen Senatoren wie Hausmitglieder in seltener Eintracht gelbe Rosen zu Ehren von Corazon Aquino.

Über die Jahrzehnte waren zahlreiche Blumen in insgesamt mehr als siebzig Gesetzentwürfen vorgeschlagen worden und durchgefallen. Weder der Lorbeer noch der Hornstrauch oder die Sonnenblume errangen eine absolute Mehrheit. Der verstorbene Senator Dirksen aus Illinois kämpfte um die Ringelblume. Er wurde nicht müde, die Vorzüge dieses eher unscheinbaren, aber durchaus amerikanisch-zähen Gewächses zu rühmen.

Doch die Umfragen, die den Parlamentariern nicht selten die Richtung zur eigenen Meinung weisen, neigten sich schließlich zugunsten der Rose. Der Abgeordnete Garcia, der vielleicht noch nie in seinem Leben so viele aufmerksame Zuhörer hatte, nannte sie Minuten vor der Abstimmung das Symbol von „Liebe, Frieden, Freundschaft, Mut und Hingabe“. Diese Formulierung war nicht zu überbieten. Ein Jahr nach dem republikanischen Senat erklärte sich das von den Demokraten dominierte Repräsentantenhaus für die überparteiliche Blume. Weil das Einschalten des Vermittlungsausschusses dadurch hinfällig wurde, kann das Gesetz nun an den Präsidenten weitergereicht werden. Reagan, der schon unangenehmere Dinge auszufertigen hatte, wird es gewiß unterzeichnen. Wie aus zuverlässiger Quelle verlautet, will er es im Garten des Weißen Hauses tun – dem „Rosengarten“.«[2]

Gertrude Stein Was Wrong

»A rose is a rose, but not just a rose anymore. After nearly a century of often prickly debate, the House of Reprasentatives voted last week to dub in the "national floral emblem".

Trying to pick a national flower has been a hardy perennial in Washington politics. More than 70 different bills have been introduced over the years, promoting a veritable bouquet of blossoms, including the carnation, corntassel, chrysanthemum and even clover. The late Senator Everett Dirksen of Illinois long campaigned for the humble marigold, praising its virtues in one flowery speech after another. His son-in-law, former Republican Majority Leader Howard Baker of Tennessee held out for the marigold in Dirksen's honor. But Baker retired from Congress in 1984, and the rose finally won out as the House approved the same legislation passed by the Senate a year ago.

The rose's supporters sowed the seeds of victory with tributes to the flowers beauty and longevity. "The rose has had a long and proud American history", noted the House sponsor of the bill, Lindy Boggs of Louisiana. "Its fossils date back 35 million years in Colorado." Senate Sponsor J. Bennett Johnston of Louisiana (the American Rose Society is headquartered in the state) pointed out, that the "rose is grown in every state of the union, including Alaska."

But, alas, no rose ist without a thorn. Some have suggested the rose is somehow too genteel, too proper to be the American symbol. Much better the rangy sunflower or the homespun black-eyed Susan. "Most of the beautiful roses we cherish are European roses", said Stanwyn Shetler of the National Museum of Natural History, who testified against the rose and advocated, instead, the phlox. Moreover, like many homegrown american products, the new symbol is prey to foreign infestation, the rose's principal enemy being the Japanese beetle. Despite a few cavils, there seems little doubt that President Reagan will sign the bill. Being a master of the symbolic gesture, Reagan will surely do the honors on his home turf: the White House Rose Garden.«[3]

Verein
Deutscher Rosenfreunde
Geschäftsstelle
Waldseestraße 14
76530 Baden-Baden
Telefon 07221 31302
Telefax 07221 38337

Verein Deutscher Rosenfreunde

Das Interesse an Gärten und Pflanzen hatte schon seit Beginn des 19. Jahrhunderts so zugenommen, daß sich verschiedene Gartenbaugesellschaften gründeten. Die Gesellschaften veranstalten auch Rosenwettbewerbe mit Remontantrosen, Bourbonrosen, Teerosen, Moschusrosen und Noisetterosen. 1881 findet eine Rosenschau im Palmengarten in Frankfurt statt. Conrad Peter Strassheim, ein Sachsenhäuser Bauunternehmer, baut mit seinen Rosen einen vielbewunderten Rosengarten auf.[1]

Strassheim hatte seine Rosen bereits 1867 bei der Weltausstellung in Paris gezeigt. Die Rose ist unbestrittene Modeblume, und Friedrich Schneider aus Wittstock an der Dosse führt ab 1879 in Gartenzeitschriften Befragungen über bewährteste und beliebteste Rosen durch. Es entsteht eine jährliche Rangliste »der edelsten Rosen«. (→Farben)

1883 kommt Schneiders »Rosenjahrbuch« heraus, es soll das »Organ aller deutschen Rosenfreunde und Rosenzüchter« sein.[2] Eine Vereinigung der Rosenfreunde und eine Rosen-Zeitung liegen in der Luft.

Am Freitag, dem 28. September 1883, wird im Hamburger Etablissement »Sagebiel« der »Verein Deutscher Rosenfreunde« gegründet. Doch zunächst sind die Anfangsschwierigkeiten groß: Die viele Jahrzehnte andauernde Auseinandersetzung von Berufsgärtnern und Rosenliebhabern beginnt. Ludwig Möller, der Herausgeber von »Möller's Deutscher Garten-Zeitung«, schreibt 1885: »Es wird dermaleinst ein für den Gärtner lehrreicher Abschnitt der Geschichte des Streber- und Schmarotzertums in der Gärtnerei sein, wenn rücksichtslos die Tatsachen klargelegt werden, die den Verein zu einer gedeihlichen Wirksamkeit nicht kommen ließen. Mehr wie je ist es an der Zeit, daß aus dem gärtnerischen Vereinswesen Personen ausgemerzt werden, die jede Tätigkeit, der sie sich in Ausübung des übernommenen Ehrenamtes zu unterziehen haben, nach dem Gewinn beurteilen, der sich für sie daraus ergibt, und die für keine Arbeit zu haben sind, die ihnen nicht persönlichen Vorteil bringt; die überhaupt das Gebiet gemeinnütziger Vereine nur als Operationsfeld für ihre Privatspekulationen ansehen und die Erlangung von Orden, Titeln und dergleichen als Endziel ihrer Bemühungen betrachten ...«[3]

Die erste Jahreshauptversammlung des Vereins 1885 in Darmstadt ist turbulent, ein neuer Vorstand wird gewählt, für kurze Zeit gehört Heinrich Schultheis aus Steinfurth als Vizepräsident dazu. Vor allem aber wird der Vorstand beauftragt, ein Vereinsorgan vorzubereiten: am 9. Januar 1886 erscheinen 7.000 Exemplare der Nummer 1 der »Rosen-Zeitung«, herausgegeben von Conrad Peter Strassheim aus Frankfurt-Sachsenhausen. Ludwig Möllers Kassandrarufe von 1885, der die Personen »ausgemerzt« sehen wollte, die den Verein nicht »zur gedeihlichen Wirksamkeit« kommen ließen, bewahrheiteten sich nicht, denn den »Verein Deutscher Rosenfreunde« und die »Rosen-Zeitung« gibt es heute noch.

7.000 Rosenliebhaber sind durch den Verein miteinander verbunden, ob auf Rosenreisen unterwegs oder im eigenen Rosengarten.

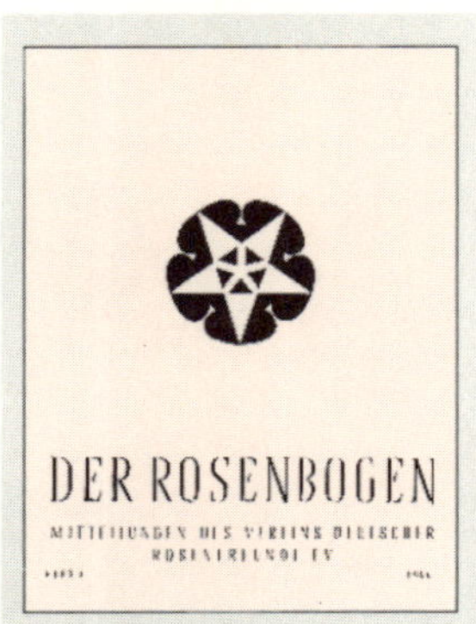

Titelseite »Der Rosenbogen«, 1964

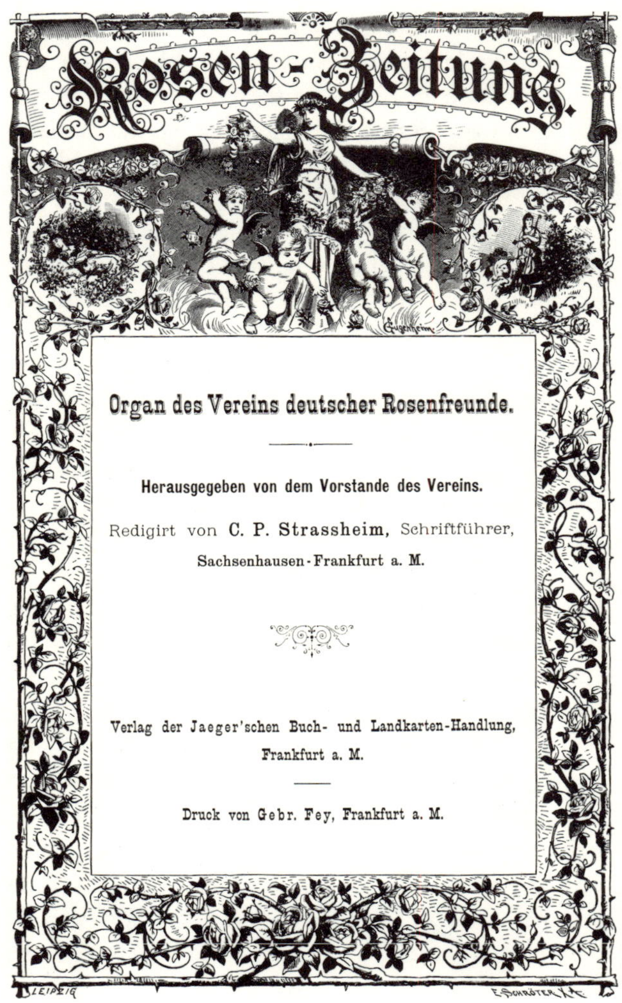

Rosen-Zeitung.

Organ des Vereins deutscher Rosenfreunde.

Herausgegeben von dem Vorstande des Vereins.

Redigirt von C. P. Strassheim, Schriftführer, Sachsenhausen-Frankfurt a. M.

Verlag der Jaeger'schen Buch- und Landkarten-Handlung, Frankfurt a. M.

Druck von Gebr. Fey, Frankfurt a. M.

Titelseite der ersten Rosen-Zeitung, 1886

1 Gustav Schoser: *Zur Geschichte des Vereins Deutscher Rosenfreunde,* Der Rosenbogen, 1983
2 Friedrich Schneider II: *Rosenjahrbuch,* Berlin, 1883
3 Josef Raff: *105 Jahre Rosen-Publikationen des VDR,* in: Rosen-Zeitung, Nr. 1, 1992

Die Rose als Symbol der Vergänglichkeit[1]

An eine Rose[2]

Ewig trägt im Mutterschoße,
Süße Königin der Flur!
Dich und mich die stille, große,
Allbelebende Natur;
Röschen! unser Schmuck veraltet,
Stürm entblättern dich und mich,
doch der ew'ge Keim entfaltet
bald zu neuer Blüte sich.

Mit Rosen und Myrrhen salbte – nach Homer – Aphrodite den Leichnam des Hector, Anchises verlangte Rosen, um sie auf dem Grabe des Freundes zu entblättern, und des Sophokles' Grab schmückten Rosen und Efeu!

Die Griechen trugen während der Trauer um Verstorbene Rosen um Brust und Stirn, als Symbol der kurzen Dauer des Lebens, das eben so rasch dahin welkt, als die duftige Rosenblüthe.

Die Grabmäler und Urnen der Verstorbenen waren mit Rosen bestreut; man schrieb ihnen die Macht zu, die Überreste vor Zerstörung zu schützen, auch glaubte man, daß den Abgeschiedenen ihr Duft angenehm wäre. Als Sinnbild der Unsterblichkeit trug die Rose Kugelgestalt, die, alles Vollkommene enthaltend, Anfang und Ende miteinander vereinte und so die Ewigkeit in sich schloß. Dieser Anschauung nach sah man eine geschlossene Rosenknospe auf den Grabstätten ausgemeißelt. Andererseits sagte ein griechisches Sprichwort im Sinne ihrer Vergänglichkeit: »Bist du an einer Rose vorübergegangen, so suche sie nicht wieder!«

Unter einem Rosengarten wird häufig auch der Friedhof verstanden. Die weiße Rose ist in vielen Sagen und Legenden ein Todessymbol. Weiße Rosen werden als Grabschmuck verwendet.

Das Rosenfest der »Rosalia« ist im altrömischen Totenkult seit dem 1. Jahrhundert nach Christus bezeugt und wurde je nach der Gegend zwischen dem 11. Mai und dem 15. Juli gefeiert. Diese Sitte lebt am Pfingstsonntag in Italien fort (Domenica rosata).

Die Rose als Symbol der Vergänglichkeit findet sich vor allem in den zahlreichen Sinnbildern des Barock oder auch in Blumenstilleben.

Emblem Schlangenring und Rose – Ewigkeit und Vergänglichkeit, Kupferstich von Gabriel Rollenhagen, 17. Jahrhundert

1 Dieser Text ist identisch mit dem eines Faltblattes, das im Raum »Die Rose als Symbol« im Rosenmuseum Steinfurth ausliegt
Marie von Strantz: *Die Blumen in Sage und Geschichte,* Berlin, 1875
Hans Biedermann: *Knaurs Lexikon der Symbole,* München, 1989
2 Friedrich Hölderlin, 1790 – 1796

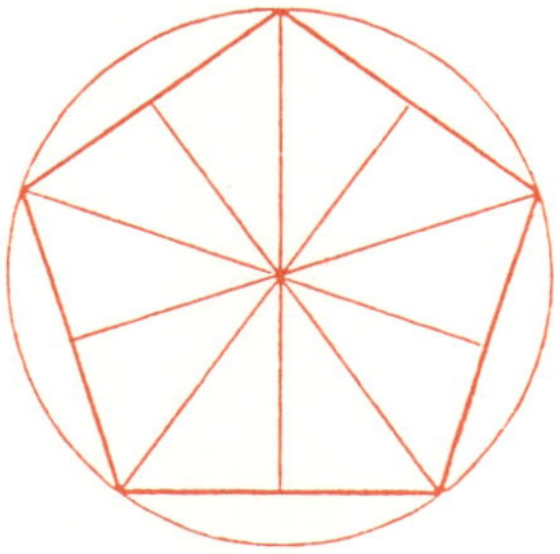

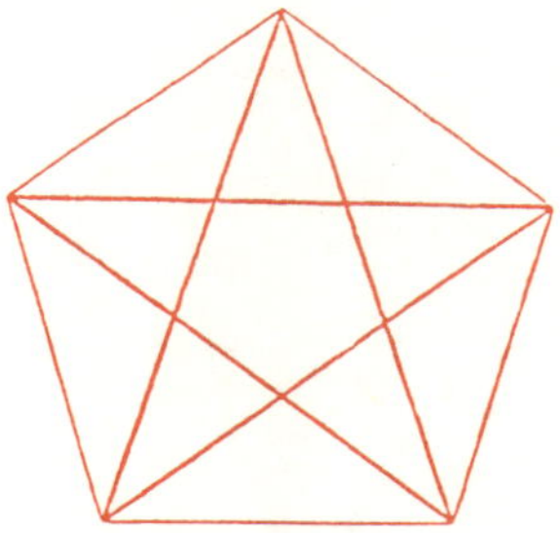

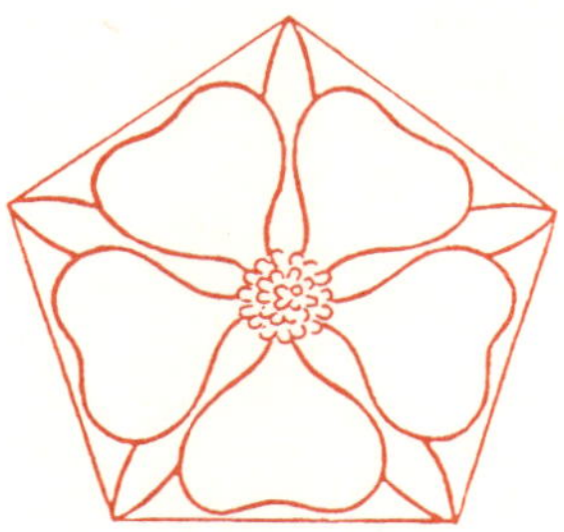

Die Rose als Symbol der Verschwiegenheit [1]

Daß die Rose ein Geheimniß andeutet, war aus dem Morgenländischen in den Abendländischen Cultus übergegangen. Die fünf Geheimnisse Allahs ruhten in der Rose (in den fünf Petalen). In unserem Kulturkreis wird die Rose zum Symbol Marias, der geheimnisvollen Rose.

In ihrer Urform bildet die Rose den fünfstrahligen Stern, dem man tiefe mystische Bedeutung beilegte und auf die Pythagoräer zurückführte, ihn Pentagramma (das fünf A), oder auch: den Drudenfuß nannte. Jede einfach wilde Rose läßt sich in ein reguläres Fünfeck hineinzeichnen, und so finden wir seit Urzeiten die Rose dem Mysticismus verwebt, der sie nicht nur in die alte Baukunst und als Wappen-Emblem aufnahm, sondern sie auch in religiöser Beziehung als Symbol des Geheimnißvollen kennzeichnet.

Verschiedene Geheimbünde, die im 17. und 18. Jahrhundert entstehen, leiten ihren Namen und ihre Symbole von der Rose ab. Bei den Rosenkreuzern deutet sie auf Natur und Schöpfung, als freimaurerisches Symbol auf ein höheres Leben und in der Alchemie gilt die Rose als flos sapientum, als Blume der Weisheit und der Weisen.

Zedler schreibt 1742 in seinem Universallexikon: »Vor Alters pflegte man eine Rose über die Tische zu hängen, und zwar darum, damit ein jeder, sobald er sie erblickte, eingedenck würde, daß er dasselbe, was er in geheim hörete, verschweigen solte; daher auch das Sprüchwort geblieben, wenn man einem guten Freunde etwas sonderliches und geheimes, das verschwiegen bleiben soll, offenbaret, dabey zu sagen pfleget: Sub Rosa dictum, das sey unter der Rose geredet; Und ist also die Rose ein Sinnbild der Verschwiegenheit, und zwar darum, weil der Göttin Venus oder der Liebe gewidmet gewesen, und von dem Cupido dem Harpokrates oder Abgott der Verschwiegenheit geschencket worden, als ein Sinnbild der Heimlichkeit bey Liebes-Händeln.«

Die Deutschen hingen nach der Sitte der Römer, bei ihren Zechgelagen eine Rose an die Zimmerdecke, damit keiner ausplaudere, was gesprochen wurde. Im »Narrenschiff« heißt es: Was wir kosen, das bleibt unter den Rosen.

Auch in Beichtstühlen, in Rathäusern (z. B. Bremen) oder in der Rechtsprechung (Sachsenspiegel) wird die Rose als Sinnbild der Verschwiegenheit verwendet.

»Geheimniß der Rose«, Rosenmotiv vom Ruprechtsbau am Heidelberger Schloß, Holzschnitt von E. Schmidt, aus: Illustrirte Zeitung, 19. Jahrhundert

1 Dieser Text ist identisch mit dem eines Faltblattes, das im Raum »Die Rose als Symbol« im Rosenmuseum Steinfurth ausliegt
Marie von Strantz: *Die Blume in Sage und Geschichte,* Berlin, 1875
Zedlers Universallexikon, Leipzig und Halle, 1742
Hans Biedermann: *Knaurs Lexikon der Symbole,* München, 1989

Die Rose als Symbol der Weiblichkeit [1]

Seit altersher ist die Rose wegen ihrer Schönheit in Form, Farbe und Duft am meisten gefeiert worden. Sie forderte geradezu auf als Symbol des Weibes, der Geliebten, besungen zu werden. Bei vielen Völkern heißt das Mädchen, die Frau die »Blume«, die »Rose«, bei den Malaysiern jetzt wie bei den Hellenen im Altertum, die nur das eine Wort »nymphe« für Rosenknospe und Braut hatten.

Zahlreiche Dichter vergleichen das Rosenleben mit dem Lebensweg einer Frau. Die Rosenknospe entspricht dem jungen Mädchen, die erblühte Rose der Frau und die verblühte Rose der alten Frau. Zahlreiche Körperteile der Frauen werden von den männlichen Autoren in Beziehung zur Rose gesetzt: Busen, Wange, Mund, Lippen, Scheitel, Schläfe, Haare, Stirn, Hals, Nacken, Schultern, Arm, Hand, Finger, Fuß, Seele.

Der im 13. Jahrhundert von Guillaume de Lorris und Jean de Meun geschriebene »Rosenroman« gilt als das erste literarische Werk, in dem die Liebe eines Mannes zu einer Frau (im Rosenroman in Gestalt einer Rose) nicht mehr höfisch und gleichberechtigt dargestellt wird, sondern die Frau erstmals als Sexualobjekt des Mannes gesehen wird.

Besonders aus einem Grund ist die Rose das geschlechtliche Symbol der Frauen geworden: wegen ihrer blutroten Farbe. Die rote Farbe hat zu allen Zeiten sexuelle und erotische Beziehungen in sich geborgen. (...) Rose und Blut stehen von altersher in innigsten Beziehungen. Ich erinnere an die »Wundenröslein«, an den Rosengarten als Kampfesgarten, an die Rose als Unterweltssymbol (Bluttod!). Besonders hat sich aber eine Beziehung zum Menstrualblut der Frau entwickelt.

(...) Eine Erinnerung an das rosige Blut mag auch der Ausdruck »Rosen brechen« soviel als deflorieren, die Jungfernschaft brechen, wachrufen.

Neben der Farbe ist es der Duft, der berückende, berauschende Duft der Blume, der wohl sexuell erregen mag, wenn die Frau, wie sie es von altersher getan hat, sich mit Rosenduft parfümiert.

Dann ist es die prachtvolle Gestalt und Form der Blume. Die eben sich erschließende Rose nannten die Griechen der Alexandrinerzeit »nymphe«, verglichen sie mit dem schön sich erschließenden mannbaren jungen Mädchen. (...) Die Jungfrau Maria wurde als das Weib katexochen die »Rose«, der »Rosenkranz«, der »Rosengarten« genannt. Rose und Mädchen werden im Sprichwort in Parallele gesetzt: Die reinste Rose, die in Dornen fällt, ritzt ihr Blatt – die Gemeinschaft mit Gemeinem schädigt das reinste Mädchen. Oder die schönste Rose wird endlich zur Hagebutte – jedes noch so schöne Mädchen wird einmal dick und häßlich. Noch drastischer ist das in einer Grabinschrift gesagt:

Eine Rose allhie begraben leit,
Von schön berümpt sehr weit und breit;
Jetzt ist es nur ein Madensack,
Den niemand sehn noch riechen mag.

Ferner warnt man die Eltern, die Verheiratung ihrer Kinder nicht allzusehr zu verzögern. Man muß die Rose auf dem Stiel nicht welken lassen. Oder man muß die Rosen pflücken, wenn sie blühen (= geschlechtsreife Mädchen sollen verheiratet werden). Auch heißt es: Mit frischen Rosen und Jungfern darf man nicht lange scherzen. Von denen, die bei der Heirat auf die Schönheit des Gesichts und nicht auf die Güte des Charakters sehen, sagt man: Die Rosen küssen und nicht daran riechen. Es entwickelt sich eine Fülle erotischer Rosenausdrücke, die hier in kurzem angedeutet sein mögen. Zunächst Rose = Vulva, Tugendrose = Jungfernschaft, nach Rosen gehen, in die Rosen gehen = minnen, Rosen lesen, Rosen suchen = auf Liebe ausgehen, Rosen pflücken (die Rose ist früh gepflückt, sagt man in bezug auf ein gefallenes Mädchen). Zerpflückte (zerzupfte) Rosen liebt niemand mehr, Rosen brechen, Rosen entblättern = deflorieren, so das Sprichwort: Rosen und Jungfrauen sind bald entblättert.

Andere erotische Rosenausdrücke sind »Rosengarten«, »Rosenplan«, »Rosengasse«, »Rosenwinkel«: Es sind Stadtgegenden mittelalterlicher und teilweise auch moderner Städte, in denen die Freudenmädchen oder öffentlichen Dirnen wohnten. »Rosengäßler« nannte man die Besucher solcher Orte.

Darstellung einer Frau als Rose, von Walter Crane, 19. Jahrhundert

1 Dieser Text ist identisch mit dem eines Textblattes, das im Raum »Die Rose als Symbol« im Rosenmuseum Steinfurth ausliegt

Aigremont: *Volkserotik und Pflanzenwelt,* Leipzig, 1907 – 1910
Wilhelm L. Döring: *Die Königin der Blumen oder die höhere Bedeutung der Rose,* Elberfeld, 1835
Guillaume de Lorris und Jean de Meun: *Der Rosenroman,* 1230

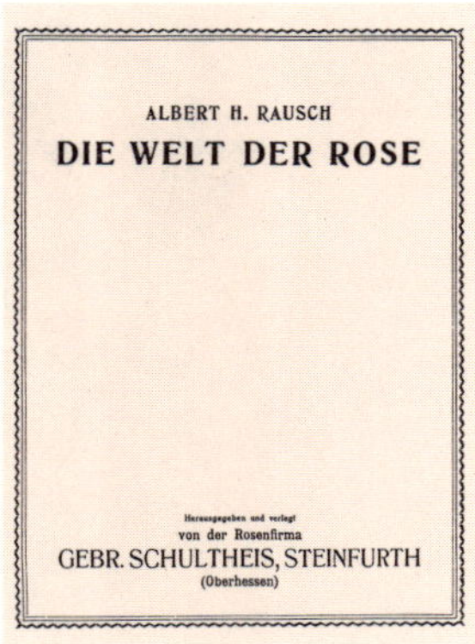

WETTERAU

Den Titel »Die Welt der Rose« trägt ein Buch, das die Rosenfirma Gebrüder Schultheis am 15. November 1928 in Steinfurth bei Bad Nauheim – gerade noch rechtzeitig zum Weihnachtsgeschäft – auf den Markt bringt.

Autor ist der Schriftsteller Albert Heinrich Rausch, 1882 im nahen Friedberg geboren.

Sein Interesse an der Gegend, in der er lebt – seiner Heimat –, und an den Rosen muß ein besonderes gewesen sein, anders ist es nicht möglich, ein so enthusiastisches Buch über Rosen zu verfassen.

Hans Grünberger, der sich ausführlich mit Rausch in seinem Aufsatz »Leben als Darüberstehen« beschäftigt, ist davon überzeugt, daß von einer Bindung an die engere Heimat bei Rausch nur gesprochen werden kann, wenn man bereit ist, zwischen Land und Leuten zu trennen.[1]

»Die Wetterau als positive Erfahrung liegt bei Rausch letztlich nur in der „Erde". Wann immer er sich zu seiner Herkunft äußert, erfährt sie ihr Lob vorrangig im Lob der Landschaft, des Bodens mit Fauna und Flora, den er mit dem altgriechischen „Chton" gleichsetzt: Erdreich und Land, ohne daß dessen Bewohner mitgedacht werden müßten. (…) Sobald aber in den Romanen von Rausch Friedberg und Bad Nauheim „bevölkert" werden, verdüstert sich sogleich die Landschaftsidylle, deren unmittelbare Erfahrung Rausch ohnehin nur mit „seinen" Freunden teilt.«[2]

Vielleicht ist es Rauschs Distanz zu den Menschen, die ihn sensibilisiert für die genaue Betrachtung und Beschreibung der pflanzlichen Lebewesen. Im Kapitel »Vorbereitung« schreibt er in »Die Welt der Rose«:

»Wer Einlaß begehrt in die Welt der Rose: wer nicht nur als unwissend Liebender, sondern als liebend Wissender ein kaum übersehbares Reich bewohnen will, bedarf der inneren Vorbereitung. Was ihn als äußere Schönheit traf an der einzelnen Rosenblüte, am Zweig, am Strauch, am Stock, am Beet, am Feld: verwandelt sich dem hingebenden Geist zu innerer Schönheit, die, auf geheimnisvollem Gesetz errichtet, das Wunder aller lebendigen Schöpfung spiegelt und rückverbindet mit der Urkraft, aus der er selbst lebt und west. Wer Mühen scheut, den Umweg, oft auch den unsicheren Pfad des Ergründens nicht gehen will: der lasse sich genügen an äußerem Glanz und bloßer Ahnung verborgenen Zaubers. Er wird zufriedener sein als mit nur halber Erkenntnis, die ihn verwirrt und quält. Doch wer erobern, menschlichen Hochmut ganz vergessen kann und auch in der Pflanze ein begnadetes Wesen sieht: wage den Weg, der ihn am Ende überreich belohnt.«[3]

Unter der Überschrift »Die Rosenfelder von Steinfurth« ist dem Buch die Schilderung eines Spazierganges, der den Autor zusammen mit einem Steinfurther Rosenanbauer über die Rosenäcker führt, vorangestellt. »Der Führer war weitergegangen. Er stand vor einem anderen Beet, unser Nachkommen erwar-

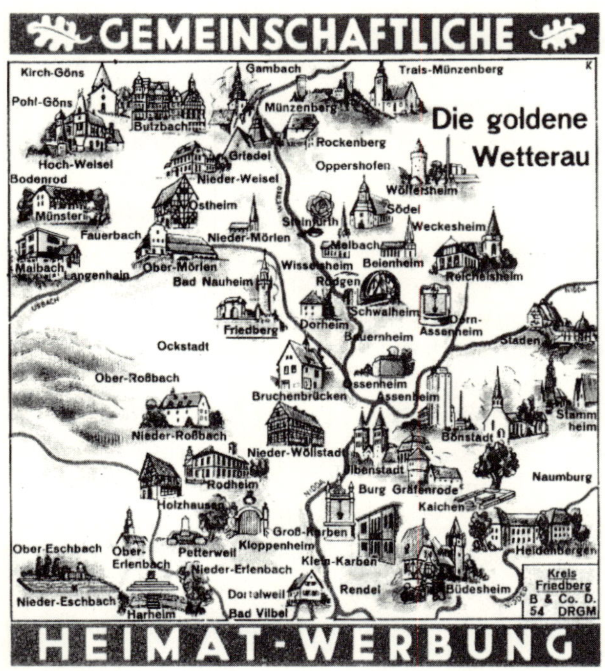

Werbung der Rosenfirma Gebrüder Schultheis für »Die Welt der Rose«, gedruckter Werbeprospekt, 1928

Rosenanbauer beim Rosenschneiden, Foto, um 1970

Werbung für die Wetterau, farbig bedruckte Klebemarke, nach 1933

Walter Schultheis im Rosenfeld, Foto, nach 1945

tend. In seinen Zügen lag Spannung, und die Hand, welche in neue etwas hellere Rosengluten wies, wollte sagen: Hier ist das Kostbarste, das menschliche Mühe zu züchten vermochte: Karmin und Scharlach, Blut und Rubin, Zinnober und Karmesin, Geraniumrot und chinesischer Lack …

Und wie schon das Auge des Knaben sich immer wieder an den Tiefen jener „Samtrose" des heimatlichen Gartens festgesogen hatte, an jenem Abgrund, in den das Blut der Blütenränder langsam niedersickerte: so suchte nun das wissende (und doch nicht wissende) die dunkelsten aus dem Gewühl der Blumen, die schattenvollsten, aus denen – hoffnungslos – alle Trauer der Erfüllung, das ewige Fragen der Seele anweht: Rosen der Versunkenheit, trunken am eigenen Sein, fast schon den Gott besiegend, der sie schuf. Da war die Grenze, da war das Nicht-mehr-weiter-können, Nicht-mehr-weiter-wollen. Die Sinne schlossen das Tor. Das Auge wollte nicht mehr sehen.« [4]

Für 5,50 Mark kann der Rosenkunde das Buch, das durch das Format (29 x 22 cm) und seinen scharlachroten Buckramleineneinband den Charakter einer Prachtausgabe hat, bei den Steinfurther Rosisten erwerben. Die Herausgeber annoncieren das hervorragend gestaltete Buch 1928 so:

»Dem Text, der sich im letzten Teil in äusserste dichterische Höhe erhebt, sind eine Reihe von Rosen-Bildern beigegeben, wovon 24 in Farbendruck und 20 in Schwarzdruck hergestellt wurden.« [5]

1 Hans Grünberger: *Leben als Darüberstehen,* in: Michael Keller, Herfried Münkler: *Die Wetterau,* Friedberg, 1990
2 Hans Grünberger, ebenda, Seite 407
3 Albert H. Rausch: *Die Welt der Rose,* Rosenfirma Gebrüder Schultheis, Steinfurth, 1928, Seite 17
4 Albert H. Rausch, ebenda, Seite 11
5 Firmenwerbung der Rosenfirma Gebrüder Schultheis, 1929

Wirtschaft

Frage: Was ist kennzeichnend für die aktuelle Situation des Rosenanbaues in Steinfurth?[1]

HS: Seit Herbst 1988 ist die Nachfrage nach Rosen stark rückläufig. Dieses Jahr (1991) ist es etwas besser. Die Ursachen des Verkaufsrückgangs sind:
1. Zunehmendes Umweltbewußtsein, das Nicht-mehr-Spritzen-wollen. Die Rose hat ein Image, daß Mehltau und Sternrußtau dazugehören, und wenn man schöne Rosen haben will, müsse man spritzen. Hier haben wir versäumt, rechtzeitig dafür zu sorgen, daß Sorten, die nicht gespritzt werden müssen, bekannter werden. Zum Beispiel eine Sorte, die »Queen Elizabeth«, ist so starkwüchsig, daß sie Mehltau durch starken Wuchs übernoppt. 2. Ein Geschmackswandel in der Gartenbepflanzung. Das schöne große Rosenbeet im Vorgarten ist out, wo früher dreißig Rosen einer Sorte standen, stehen heute noch fünf in Verbindung mit Stauden und Gräsern. Es wird mehr gemischt gepflanzt. 3. Die verringerte Bautätigkeit. Die Anzahl der Ein- und Zweifamilien-Häuser beträgt nur noch ein Zehntel gegenüber vor zehn Jahren. 4. Heute hat ein Garten statt früher 600 qm nur noch 300 qm. Es gibt weniger Gärten, die wesentlich kleiner sind. Die alten Gärten sind voll. 5. Auch selbstgemachte Hindernisse tragen zum geringeren Verkauf bei, wie die seit hundert Jahren wiederholte These von der »Rosenmüdigkeit« des Bodens, auf dem einmal Rosen gestanden haben. Heute wird kein Boden mehr ausgetauscht. In Steinfurth bringt ein Gärtner gute Kulturerde ins Pflanzloch und pflanzt wieder neue Rosen hinein, die Rosen gedeihen wunderbar. 6. Durch die Bodendeckerwelle werden wesentlich weniger Rosen gebraucht. Es gibt Sorten, wo man nur noch eine auf den Quadratmeter braucht. Generell gilt, wo man vorher neun Rosen gepflanzt hat, werden heute drei gebraucht. 7. Es wird darüber hinaus im Bodendeckerbereich, im Strauchrosenbereich und zum Teil bei alten Rosen Stecklings- oder Meristemvermehrung gemacht. Dies gilt besonders auch für Zwergrosen im Zierpflanzenanbau, sie sind kein Geschäft der Baumschulen mehr. Diese Zwergrosen werden in den Garten gepflanzt, deshalb werden keine veredelten Rosen gebraucht. Es ist zu beobachten, daß hier die Blumen und Töpfe größer werden. Ein Steinfurther Gärtner produziert wurzelechte Bodendecker für die Rosen-Union in Steinfurth. Ich schätzte, daß in Deutschland zehn Millionen jährlich von diesen wurzelechten Zwergrosen verkauft werden, wovon nur ein Zehntel hier produziert werden. In Dänemark werden 25–30 Millionen dieser Pflanzen gemacht, auch Polyantha- und Floribundarosen.

Hier wird nicht viel davon produziert, die Deutschen haben ein bißchen Angst davor. Zu dieser Produktion gehören entsprechende Investitionen, eine dänische Firma will 1992 zehn Millionen getopfte Rosen produzieren. Die Betriebe sind vollautomatisiert. Vieles wird von Robotern erledigt. Zurückschneiden und Auseinanderstellen ist nicht mehr Menschenarbeit.

Frage: Wenn der Trend zur naturnahen Rose geht und die beliebteste Schnittrose die Freilandrose mit »Naturcharakter« ist, widerspricht nicht der Absatz dieser vollautomatisch produzierten Topfrosen dem Trend?

HS: Den Topfrosen sieht man nicht an, daß sie aus dem Gewächshaus kommen. Sie sind ein Mitnahmeartikel und werden während des ganzen Jahres verkauft. Die Hauptmengen gehen zu Ostern und Muttertag weg.

Frage: Welche Rosen sind gerade gefragt?

HS: In den Trend zum naturnahen Garten passen Wildrosen, einfach blühende Strauchrosen und ein Teil der Bodendecker hinein, aber keine Edelrosen. Alte Bauerngärten brauchen alte Rosen und englische Rosen, dies führt zu einer Sortenvielfalt. Die Anzahl der Rosensorten vergrößert sich durch zunehmende Individualisierung auf zirka 650 Sorten in Steinfurth, darin sind die alten Rosen enthalten. Durch die Spezialisierung und durch den Individualismus werden es eher mehr Sorten, das Sortiment wird umfangreicher. Früher kaufte jeder das, was der Nachbar hatte, heute gerade nicht mehr. Das gefällt dem Rosenanbauer nicht so, wenn er ein größeres Sortiment führen muß. Er produziert dann teurer, das Risiko wird größer. Besonders Leute, die alte Rosen veredeln, kennen das.

Neu ist heute und bewirkt einen Verkaufsrückgang, daß, was nicht verkauft wird, in einen Topf gepflanzt wird.

Die Wiederverkäufer der Steinfurther Rosen vernichteten früher im Frühjahr die nicht verkauften Pflanzen, heute topfen die Gärtner nicht verkaufte Rosen selbst ein. Diese werden dann blühend im Topf verkauft. Rosen im Container tauchen in der Statistik bisher kaum auf, sie werden besonders im Anschluß an das Frühjahr verkauft. Die Baumschulen benötigen dann im Herbst weniger Pflanzen. Es wird versucht, in Richtung Solitär zu kommen bei Rosen, die dann auch viel Geld kosten. Leute sind bereit, 150 oder 200 DM für eine Solitärpflanze zu bezahlen. Trend: Es wird immer mehr im Topf verkauft und es wird immer mehr verpackt verkauft. In Amerika gibt es kaum noch wurzelnackte Rosen. Bei uns sind es noch zirka 60–70 % wurzelnackte Verkäufe mit abnehmender Tendenz.

Zum schlechten Geschäft in den vergangenen Jahren kamen verstärkte Billigangebote aus osteuropäischen Ländern und den neuen Bundesländern. Diese Angebote treffen den härter, der mit verpackten Rosen handelt, als den, der unverpackt verkauft. Diese Rosen kommen über Ladenketten zum Verkauf für 1,99 DM pro Rose, für die der Preis in Baumschulen zwischen 5 und 9 DM liegt.

Frage: Was ist die Perspektive des Steinfurther Rosenanbaues?

HS: Nach dem Rückgang pendelt sich das Geschäft auf niedrigerem Niveau ein. Die Zahl der Anbauer hat sich fast halbiert, es gibt noch Verträge mit 45 Anbauern. Es gibt noch 15 weitere. In den letzten Jahren hat eine Schrumpfung von 75 auf 45 Betriebe stattgefunden.

Der Hauptrückgang des Anbaues kommt erst im nächsten Jahr (1992). In diesem Jahr werden es noch sechs Millionen aufgeschulte Wildlinge sein, die geerntet werden. Im kommenden Jahr wird die Ernte nur noch viereinhalb Millionen Pflanzen betragen.

Das ist ein allgemeiner Trend: Viele Baumschulen haben aufgehört oder die Produktion eingeschränkt. Bei Kordes werden zirka eine Million weniger Pflanzen veredelt.

Die neuen Bundesländer produzierten zwölf Millionen Rosen vor der Wende, jetzt unter zwei Millionen. In der BRD wurden 24 Millionen produziert, ab kommendem Jahr etwa insgesamt 18 Millionen Pflanzen.

Reklame, Der Gartenbau, 1932

1 Das Interview mit Helmut Steinhauer, dem Geschäftsführer der Rosen-Union Steinfurth, fand am 11. 11. 1991 in seinem Büro statt. Die Fragen stellte Sabine Kübler.

Wörterbuch

Rosen Rosenader Rosenaffe Rosenakazie Rosenaloe Rosenalter Rosenanger Rosenangesicht Rosenanhauch Rosenantlitz Rosenapfel Rosenapfelbaum Rosenarm Rosenart Rosenast Rosenaster Rosenäther Rosenathmend Rosenau Rosenaufgusz Rosenauge Rosenbach Rosenbahn Rosenbalsam Rosenband Rosenbaum Rosenbecher Rosenbeduftet Rosenbeere Rosenbeet Rosenbekränzt Rosenbestreut Rosenbett Rosenbiene Rosenbild Rosenbirne Rosenblatt Rosenblattlaus Rosenblattwespe Rosenblei Rosenblick Rosenblühe Rosenblühend Rosenblühsam Rosenblume Rosenblut Rosenblüte Rosenblütengeruch Rosenblütig Rosenbock Rosenbohrer Rosenbolle Rosenbrauch Rosenbrechen Rosenbrennen Rosenbrust Rosenbund Rosenbunze Rosenbusch Rosenbusen Rosenbutze Rosencicade Rosendach Rosendamast Rosendämmerung Rosendickicht Rosendolde Rosendorn Rosendornenmädchen Rosendrahle Rosendrossel Rosenduft Rosenduftgemüth Roseneibisch Rosenentsprossen Rosenerbse Rosenglühen Rosenernte Rosenessig Rosenfaden Rosenfalb Rosenfarbe Rosenfarbig Rosenfeder Rosenfeier Rosenfeige Rosenfeld Rosenfenchel Rosenfessel Rosenfest Rosenfeuer Rosenfeuerherd Rosenfinger Rosenfingrig Rosenfittich Rosenflabbe Rosenflatte Rosenflitte Rosenflor Rosenflügel Rosenflut Rosenfrisch Rosenfrüchtig Rosenfuhrkraut Rosenfülle Rosenfürstin Rosenfusz Rosengalle Rosengallwespe Rosengang Rosengarten Rosengebüsch Rosengedüft Rosengeländer Rosengeruch Rosengesicht Rosengespann Rosengestade Rosengestalt Rosengestäude Rosengestirn Rosengesträuch Rosengewand Rosengewinde Rosengewölk Rosengimpel Rosenglanz Rosengleich Rosenglied Rosengluth Rosengöttin Rosengreis Rosengrille Rosengruppe Rosengrusz Rosengut Rosenhaar Rosenhafen Rosenhaft Rosenhag Rosenhäger Rosenhain Rosenhalle Rosenhand Rosenhändler Rosenhauch Rosenhaupt Rosenhecke Rosenheide Rosenherr Rosenholder Rosenholz Rosenholzbaum Rosenholzöl Rosenholzwurzel Rosenhonig Rosenhügel Rosenhulke Rosenhurst Rosenhut Rosenhütte Rosenigel Rosenjahr Rosenjugend Rosenjulep Rosenjungfrau Rosenjüngling Rosenkäfer Rosenkehlchen Rosenkelch Rosenkette Rosenkind Rosenklee Rosenkleid Rosenknabe Rosenknopf Rosenknospe Rosenknospenfest Rosenkohl Rosenkönig Rosenkönigin Rosenkonserve Rosenkoralle Rosenkorb Rosenkram Rosenkranz Rosenkranzandacht Rosenkranzbrüderschaft Rosenkranzfest Rosenkranzförmig Rosenkranzkoralle Rosenkränzler Rosenkranzmodell Rosenkranzmühle Rosenkranzstaude Rosenkranzwerk Rosenkraut Rosenkreuzer Rosenkreuzorden Rosenkreuzung Rosenkrone Rosenkuchen Rosenkultur Rosenkümmel Rosenkupfer Rosenkürbis Rosenlacher Rosenlachs Rosenlager Rosenlasche Rosenlatwerge Rosenlaube Rosenlauch Rosenlaus Rosenleben Rosenleib Rosenleiter Rosenlenz Rosenlicht Rosenleib Rosenliebe Rosenliebesgluth Rosenlieblich Rosenlied Rosenlippe Rosenlippensaft Rosenlippig Rosenlorbaum Rosenlorbeer Rosenlos Rosenluft Rosenlust Rosenmädchen Rosenmann Rosenmarge Rosenmatze Rosenmauerpfeffer Rosenmelde Rosenmonat Rosenmond Rosenmontag Rosenmotte Rosenmund Rosenmutter Rosennachtfalter Rosennacken Rosennarcisse Rosenobel Rosenobelgold Rosenocean Rosenofen Rosenöl Rosenpaar Rosenpapagei Rosenpappel Rosenparterre Rosenperle Rosenpfad Rosenpferd Rosenpflanze Rosenpflücker Rosenpforte Rosenpfühl Rosenpracht Rosenpulver Rosenpurpur Rosenquarz Rosenranke Rosenraub Rosenreich Rosenreis Rosenring Rosenrot Rosenröthe Rosensaat Rosensaft Rosensalbe Rosensame Rosensanft Rosenschatten Rosenschein Rosenschimmel Rosenschimmer Rosenschleier Rosenschleife Rosenschlummerduft Rosenschmuck Rosenschnee Rosenschnitz Rosenschnürbrust Rosenschnute Rosenschön Rosenschosz Rosenschube Rosenschwamm Rosenschwarm Rosenschwelle Rosenschwinge Rosenseil Rosensein Rosensirup Rosensonne Rosensonntag Rosensorte Rosenspan Rosenspath Rosensprengel Rosenspricke Rosensprosz Rosensprühen Rosenspur Rosenstaar Rosenstahl Rosenstamm Rosenstätte Rosenstaude Rosenstaudengewächs Rosenstein Rosenstengel Rosenstengelbrand Rosenstich Rosenstielbrand Rosenstift Rosenstirne Rosenstock Rosenstrahl Rosenstrauch Rosenstrausz Rosenstreif Rosenstunde Rosensuppe Rosensyrup Rosensyruptag Rosentag Rosenthal Rosenthau Rosentheilung Rosenthor Rosenthür Rosenton Rosentopf Rosentragend Rosentraum Rosentrieb Rosentuch Rosenufer Rosenumflossen Rosenumhüllet Rosenvoll Rosenwagen Rosenwald Rosenwallend Rosenwange Rosenwasser Rosenweck Rosenweg Rosenwegerich Rosenweide Rosenweiderich Rosenwein Rosenweisz Rosenwelt Rosenwickler Rosenwiederschein Rosenwiese Rosenwind Rosenwindung Rosenwirkung Rosenwoche Rosenwoge Rosenwolke Rosenwunder Rosenwurm Rosenwurst Rosenwurz Rosenwurzel Rosenzaum Rosenzaun Rosenzeit Rosenzelt Rosenzelten Rosenzinn Rosenzucht Rosenzüchter

Jacob und Wilhelm Grimm: *Deutsches Wörterbuch,* Stichwort Rosen bis Rosenzweig, Leipzig, 1893

Zahme Rosen im Garten

Die ältesten Schriften über Rosen stellen immer wieder der Wildrose die Gartenrose gegenüber. Die Heckenrose wird als Baum im Baumgarten gepflanzt.[1] Um 800 n. Chr. beginnen Nonnen und Mönche in Klöstern »zahme Rosen«, die aus dem Orient hierher gelangten, in Kräutergärten zu kultivieren. Die Rose ist Nutzpflanze unter anderen Pflanzen und Kräutern.

Die Anzucht der zum medizinischen Gebrauch nötigen Pflanzen ist in unseren Breiten lange Zeit die einzige Aufgabe der Gärten.[2] Der Gegensatz von »zahm« und »wild« sowie rot und weiß bleibt lange Zeit einziges Klassifikationsmerkmal.

Für die Anlage von wirklichen Gärten mit Rosen fehlen zwei Grundvoraussetzungen: das notwendige Sortiment an Gartenrosen und das Bedürfnis nach einem Pflanzengarten oder Gartenteil, in dem die Farben- und Formenvariationen nur einer Pflanzenart gesammelt werden.[3]

Der Frauwen

w Jll mā zů hilff kōmē in schwårer myßlicher har//
ter geburt/die mit grossen sorgen /angstē vñ nötē
beschicht/wie dañ da von gemeldet ist/ in. xviij.
stuckē nacheinander/So můß man merckē solichs so hie
nach geschriben stadt.

In zahlreichen Liedern und Dichtungen gehen Bauern und Bürger nicht in den Garten, sondern in Feld und Wald, auf Wiese und Heide, um Rosen zu pflücken; die Rose des Volkes ist die einheimische Wildrose, die man nach ihren mannigfachen Formen nicht weiter unterschied. Die »zahmen« Rosen, die gefüllten, kultivierten, bürgern sich erst am Ende des Mittelalters ein. In den großen Handelsstädten werden sie zuerst in den Gärten gehegt.

In der Gartenkunst steht bis zum 19. Jahrhundert die Architektur im Vordergrund. Das 16. Jahrhundert kennt erst vier Rosensorten, im 17. sind es zwischen zehn und fünfzehn, und in den nächsten hundert Jahren kommen nur einige hinzu.[4] Erst im 19. Jahrhundert beginnt die Rosenschwärmerei; Rosenlauben und Rosengeländer werden modern.

»Eine der üblichsten Partien in englischen Gartenanlagen ist ein sogenannter Rosen-Mantel; denn so nennt man eine Rosenlaube, die aus einem halb zirkelförmigen, 12 bis 16 Fuß hohen Rosen-Espalier besteht, welches wie ein ausgespannter Mantel einen freundlichen Gesellschaftsplatz umschließt . . . Man kann zu solch einer Laube nur eine einzige Sorte von Rosen, nämlich die hohe Tapeten-Rose, brauchen. Auch rosa turbinata, kreiselförmige Rose oder Frankfurter Rose genannt.«[5]

Häufig wird der Begriff des Rosengartens aber auch im übertragenen Sinne gebraucht: Leib und Seele, ja das ganze Leben kann er bedeuten. Nicht nur die Madonna wird mit einem Rosengarten verglichen: »Maria, du vil zarte, du bist ein rosengarte.« »Rosengärten« sind Teile des Titels von Büchern, deren Inhalte mystisch oder geheim sind. Davon zeugen sowohl zahlreiche alchimistische Veröffentlichungen des Mittelalters als auch Sa'dis bei uns bekannt gewordener »Gulistan« (Rosengarten) oder Eucharis Rößlins »Der swangeren Frauwen und Hebammen Rosengarten«. (→ Verschwiegenheit)

»Der swangeren Frauwen und Hebammen Rosengarten«, Holzschnitt, 1513

Rosenmantel, Kupferstich aus Krünitz's Encyklopädie, Stichwort Rose, 1819

1 Hildegard von Bingen: *Physica und De Arboribus*, 12. Jahrhundert

2 Matthias Schleiden: *Die Rose – Geschichte und Symbolik*, Leipzig, 1873, Seite 197

3 Dieter Hennebo: *Gärten des Mittelalters*, Zürich, 1987

4 Heinke Wunderlich: *Rose und Rosengarten im 18. Jahrhundert*, in: Park und Garten im 18. Jahrhundert, Heidelberg, 1978

5 Johann Georg Krünitz's *Encyklopädie*, Stichwort Rose, Berlin, 1819

Objekte in der Dauerausstellung des Rosenmuseums Steinfurth

Raum 1: Der Rosenanbau 1868–1950

2 Ansichtspostkarten „Gruss aus Steinfurth"
um 1900, RM und Archiv der Stadt Bad Nauheim

2 Werbepostkarten der Firma Gebrüder Schultheis
Farbdruck nach Vorlagen von Luise Schmidt-Michel, vor 1900, RM

Stampfer
Holz, um 1930, Stiftung Lilli Jung

Sieb
Holz und Draht, um 1950, RM 90.351, Stiftung Lilli Jung

Getreide- und Fruchtmaß
Holz, um 1890, RM 89.291, Stiftung Annemarie Thönges

Säschüssel
Zink, um 1920, RM 90.352, Stiftung Hedwig Becker

Pflanzschnur mit Knoten
Hanf und Holz, um 1920, RM 89.270, Stiftung Herrmann Falk

Pflanzholz
Holz und Eisen, nach 1950, RM 89.272, Stiftung Anita und Robert Hofmann

Aufräumeisen
Eisen, um 1950, RM

Schwefelapparat
Metall, Gummi und Leder, um 1930, RM 89.288, Stiftung Annemarie Thönges

Reisermahn
Weide, um 1950, RM, Stiftung Ursula und Rolf Sack

Präsentierschere
Eisen, vor 1986, RM 90.350, Stiftung Familie Karl Alban

Fingerlinge
Leder, vor 1980, RM, Stiftung Familie Karl Alban

Karst
Holz und Eisen, nach 1950, RM

Aufräumeisen
Eisen und Holz, vor 1970, RM 88.273, Stiftung Anita und Robert Hofmann

Putzlappen
Sackleinwand, vor 1970, RM

Okulierplan „Wisselsheimer Feld"
1964, RM

Okuliermesser „Steinfurther System"
Horn und Stahl, RM 88.207, Stiftung Gudrun Falk

Okuliermesser
RM 88.203, Stiftung Wilhelm Philippi VI.

Schleifstein
Belgischer Brocken, um 1920, RM 88.205, Stiftung Marie Best

„Leder"
Holz, Leder und Schmirgel, um 1950, RM 88.206, Stiftung Annemarie Thönges

Bast
Bast und Stoff, vor 1970, RM

Hacke
Holz und Eisen, RM

Strohhüte
Stroh, um 1960, RM

Rosenschere
Metall und Leder, um 1920, RM 89.293, Stiftung Annemarie Thönges

Rosenschere
Metall, um 1940, RM 89.340, Stiftung Mathilde Philippi

Schleifstein
um 1950, RM 89.341, Stiftung Mathilde Philippi

Spaten
Holz und Eisen, RM

Grabgabel
Holz und Eisen, nach 1950, RM 89.290, Stiftung Annemarie Thönges

Weide
RM

Handschuhe
Manchesterstoff (Cord), nach altem Schnittmuster 1990 genäht, RM, Stiftung Annemarie Thönges, genäht von Heinrich Falk

Eiserner Tritt
Eisen, nach 1950, RM

Gamaschen
Leder, um 1920, RM 89.344, Stiftung Annemarie Thönges

Feldrock und Feldhose
gummierter Stoff, RM

Entblätterungsmaschine von Philipp Alban
Holz, Eisen und Leder, nach 1930, RM 89.327, Stiftung Else Edelmann, Rockenberg

Bindebock
Holz und Eisen, RM

Etikettenkasten und Schreibpult von Konrad Steinhauer VIII. genannt Schuster Hennes
Holz, RM 89.325, Stiftung Frieda E. Steinhauer

Rosenetiketten
Pappe, um 1950, RM, Stiftung An- und Verkaufsgenossenschaft: Fritz Gabriel, Herbert Rienmüller, Rosen-Union: Ewald Liebig

Schürze
Leinwand und Leder, RM

Packmaschine
Holz und Eisen, vor 1900, RM 90.353, Stiftung Firma Philipp Huber

Firmenschild Konrad Thönges XII.
Eisen und Blech, nach 1945, RM 88.175, Stiftung Konrad Thönges

Firmenschild Wilhelm Philippi VI.
emailliertes Blech, 1936, RM 89.257, Stiftung Wilhelm Philippi

Firmenschild Wilhelm Philippi XI.
emailliertes Blech, um 1930, RM 89.339, Stiftung Mathilde Philippi

Preis- und Sortenverzeichnis der Rosenschule Wilhelm Volp II.
nach 1933, RM

Preisliste der Firma Walter & Lehmann Rosenkulturen
1936, RM, Stiftung Marie Best

Preis- und Sortenliste des Vereinigten Steinfurther Rosenanbaues
nach 1933, RM, Stiftung Lilli Jung

Sorten- und Preisverzeichnis der Rosenschule Walter & Lehmann
1951, RM, Stiftung Marie Best

Preis- und Sortenliste der Rosenschule Josef Burkhard
nach 1933, RM

„Ruhm von Steinfurth"
Foto aus der Rosen-Zeitung, nach 1920, Leihgabe Ria und Helmut Steinhauer

Rosenkatalog der Firma Hermann Ludorf, Rosengroßkulturen
nach 1928, RM

Rosensortiment der Rosenschule Heinrich Volp
1949, RM

Sorten- und Preisliste der Rosenfirma Gebr. Schultheis
1926, RM

Katalog der Firma Walter Beutnagel Rosenanzucht nach 1965, RM, Stiftung Servais Lejeune

Visitenkarten der Firma Vieweg und Schultheis
um 1950 und um 1900, RM

Eilfrachtbrief der Rosenschule Heinrich Thönges XV.
nach 1933, RM

Zwei Aufkleber und ein Anhänger für Rosenpakete, RM

Radfahrkarte von Philipp und Ferdinand Huber für ein gewerblich (zum Rosenblumentransport) benutztes Fahrrad
1908, RM, Stiftung Konrad Huber

Die beiden Inhaber der Radfahrkarte mit Frau bzw. Mutter Line Huber vor ihrem Haus an der Oberpforte
Foto, um 1910, RM, Stiftung Konrad Huber

Reblausattest
nach 1920, RM

Paketanhänger der Firma Friedrich Thönges für Eilpakete
nach 1933, RM

Formular der schwarzen Liste der Gärtner-Vereinigung Steinfurth
nach 1914, RM, Stiftung Konrad Thönges

Fahrplan der Butzbach-Licher-Eisenbahn
1917, RM

Auskunfteibericht angefordert durch Firma Schultheis
1926, RM, Stiftung Heinrich Schultheis

Raum 2: Das Rosenfest 1912-1988

Rosa Centifolia als Rosenkönigin
kolorierter Stahlstich von Isidore Grandville, 1867, RM 86.18

La Rosière, Rosenkönigin
kolorierte Lithografie von L. Boilly, 1824, RM 86.12

Das Fest der Rosenkönigin
Holzschnitt von F. Schlegel, 1886, RM 86.10

Das Rosenfest in Rom
Holzschnitt von P. Frühauf nach einem Gemälde von G. Rosati, 1890, RM 88.153

Rosenausstellung des mitteldeutschen Gartenbau-Vereins in Bad Nauheim 1872
Oberhessischer Anzeiger Nr. 75, 1872, Stadtarchiv Friedberg

Urkunde des Vereins Deutscher Rosenfreunde für Rosenfirma Walter & Lehmann in Steinfurth
Druck nach einem Entwurf von G. Weber, 1894, RM 88.149

Plakat der Rosenfirma Gebrüder Schultheis
Druck auf farbigem Papier, Druckerei Wagner, 1928, RM 88.151

Der Blumencorso in Nizza
farbig gedrucktes Plakat nach einem Entwurf von Leonetto Capiello, 1927, RM 90.357

Erste Steinfurther Rosenblumenausstellung
Bad Nauheimer Zeitung 20. Juli 1912, Stadtarchiv Bad Nauheim

Gruß aus Steinfurth
Postkarte, Farblithografie, vor 1900, RM 88.154

Steinfurther Hauptstraße in den 1930er Jahren
Foto, Rosemarie Gorr

Steinfurther Hintergasse Anfang 20. Jahrhundert
Foto, Heinz Jung Butzbach, aus Nachlaß Ludwig Jung Steinfurth

Bau des Rosensaales
Foto, 1925, RM

Rosen der Firma Gönewein zur Rosenausstellung 1932
Foto, 1932, RM

Die Preisrichter der Rosenausstellung 1932
Foto, Der Gartenbau 31.7.1932, RM

Fröhliches Ausstellungstreiben
Blick auf den Saal von Anton Hengst während der Rosenblumen-Ausstellung 1932
Foto, Der Gartenbau 31.7.1932, RM

Ehrenpreis für Hans Gönewein bei der Schnittrosen-Ausstellung 1932 in Steinfurth
Kopie einer Urkunde des Gärtnervereins Steinfurth, Hans und Gertrud Gönewein

Rosen der Firmen Konrad Steinhauer VI. und Valentin Rosenbecker zur Rosenausstellung 1932
zwei Fotos, RM

Die Aussteller der Rosenausstellung 1932
Foto, Der Gartenbau 31.7.1932, RM

Zimmermanns- und Druckereirechnungen der Rosenausstellung 1932
RM, Sammlung Gärtnerverein

Blick in den Ausstellungssaal der Rosenschau 1932
Foto, Der Gartenbau 31.7.1932, RM

Ausstellungen von Rosenblumen
Ausstellungsbestimmungen des Reichsverbandes des Deutschen Gartenbaues, 1933, RM

Tag der deutschen Rose
farbig gedrucktes Plakat von Beucke zum Tag der deutschen Rose am 15.7.1934, RM 88.158

Bekanntmachung des Gärtnervereins Steinfurth
Juli 1934, RM, Sammlung Gärtnerverein

Presseartikel zum Tag der deutschen Rose
Bad Nauheimer Zeitung, 1934, Stadtarchiv Bad Nauheim

9 Rosensortenschildchen der Rosenschau 1935
RM 88.163

Rosenschau 1935, Blick in den Rosensaal
Foto, 1935, aus Fotoalbum Else Volp

Brief an Ludwig Alban vom Reichsnährstand in Berlin
1936, RM 88.155b

Rosenschau 1938, Blick in den Rosensaal
Foto, aus Fotoalbum Heinrich Thönges

Steinfurther Rosenschau
Gedicht in Mundart, 1938, Bad Nauheimer Zeitung 13.7.1938, Stadtarchiv Bad Nauheim

Rosenschau 1939, Blick in den Rosensaal, Foto, Oberhessischer Anzeiger 17. Juli 1939, Stadtarchiv Friedberg

Rosenschau 1936, Blick in den Rosensaal, Foto, 1936, RM

Rosenschau 1937, Blick in den Rosensaal, Foto, 1937, RM

Postkarte von Steinfurth
anläßlich des Rosenfestes 1937 hergestellt
1937, RM

Anzeige der Deutschen Arbeitsfront für die große Steinfurther Rosenschau 1939
Bad Nauheimer Zeitung 11.7.1939, Stadtarchiv Bad Nauheim

Grosse Rosenschau 27., 28. und 29. August 1949
Plakat, 1949, RM

Brief von Konrad Adenauer an den Steinfurther Bürgermeister Heinrich Thönges vom Juli 1964
RM

Mitglieder des Vereins Steinfurther Rosenzüchter e.V. im Rosensaal
Foto von August Ewald 1951, RM 6/1951

Anteilschein für den Kauf des Saalbaues (heute Rosensaal) von Heinrich Volp im Wert von DM 200,–
26. Juni 1950, RM, Nachlaß Heinrich Volp

Organisationsplan des Rosenfestes 1957
Füllfeder auf Pergament, RM, Nachlaß Heinrich Volp

Kasse 2 vor dem Rosensaal beim Rosenfest 1950
Foto von August Ewald, 1950, RM 2/1950

Festabzeichen der Steinfurther Rosenfeste
1 Papierabzeichen bedruckt, 21 Plastikabzeichen, 1953 bis 1986 (unvollständig), RM

Armbinden der Ordner und Kontrolleure während der Rosenfeste
1960er Jahre, RM

Festschriften der Rosenfeste 1952–1972
mit eingeklebten Eintrittskarten
Fotos und Presseausschnitte der Feste, Stiftung Liberte Beimborn, RM

Planungsentwurf für die Gestaltung der Rosenschau 1958
Saal und Außengelände, Entwurf Bärbel Hutter, 1958, RM

Entwurfsskizze der Rosenschau 1958
kolorierter Entwurf von Bärbel Hutter, 1958, RM

Grundrißplan der Rosenschau 1958
mit der Zuweisung der Arbeitskräfte während des Aufbaues der Schau 1958, RM

Rosenschau 1958, Blick auf die Bühne
Farbfoto, RM, Rosenfestalbum 1958

Blick in den Rosensaal mit der Rosenschau 1952 unter dem Motto Steinfurther Rosen in alle Welt
Foto von August Ewald, RM 9/1952

Aufbau der Rosenschau
Foto von August Ewald, 1954, RM 35/1954

Vor dem Rosensaal nach dem Aufbau der Rosenschau
Foto von August Ewald, 1951, RM 5/1951

Gutschrift des Vereins Steinfurther Rosenzüchter über die zur Rosenschau 1950 gelieferten Rosen im Wert von DM 45,90
1951, RM, Nachlaß Heinrich Volp

Korsowagen des Radfahrervereins
Foto von August Ewald, 1951, RM 4/1951

Urkunde des Gesangvereins Frohsinn über den Gewinn des 1. Preises beim Rosenkorso 1968, RM

Modell eines Rosenkorsowagens
Bastelarbeit von Thilo Hildebrandt, 1980er Jahre, RM

Rosenkorso 1952, eine Fußgruppe blumenstreuender Mädchen kommt die Hauptstraße herunter
Foto von August Ewald, 1952, RM 10/1952

Warten auf den Festzug, Blick in den Steckgarten
Foto von August Ewald, 1952, RM 11/1952

Festwagen des Rosenkorsos
4 Farbfotos, 1958, RM, Rosenfestalbum von Heinrich Thönges

Eröffnung der Rosenschau durch die Rosenkönigin Ria Steinhauer
Foto von August Ewald, 1952, RM 11/1952

Rosenring
Silber vergoldet, hergestellt vom Juwelier Martin Steiber, Bad Nauheim, 1988, RM

Festplatz während des Rosenfestes
4 Fotos von August Ewald, 1953, RM 22/1953

Rosenkönigin Irma Alban mit ihren beiden Prinzessinnen
Farbfoto, 1953, RM

Rosenkönigin Irma Alban
1953, Farbfoto, RM, Stiftung Irma Alban

Rosenkönigin Elisabeth Siebert mit ihren beiden Prinzessinnen
Foto August Ewald, 1962, RM

Postkarte und Brief an die Rosenkönigin Elisabeth Siebert
1962, RM

Rosenkönigin Ria Steinhauer mit ihren Prinzessinnen
1952, Foto August Ewald, RM 11/1952

Die »Rosenkönigin« 1950, Erika Arnoldi, auf dem Wagen des Radfahrvereins mit Rosenkrone
Foto, privat, Album Erika Beuler

Die »Festdame« 1950, Hedwig Metzler, im Wagen der Gemeinde Steinfurth
Foto August Ewald, 1950, RM

Krone der Rosenkönigin
Straßsteine auf Metall, 1960er Jahre, RM 88.147

Kleid der Rosenkönigin Elisabeth Siebert
Tüll, Taft und Straß, 1962, RM 86.22

Festwagen vom Rosenfest 1957 mit Rosenkönigin Christa Agel
Foto, RM

Installation »Schießbude«
Kunstblumen aus Papier, Plastik und Glitter

Raum 3: Die Rose als Symbol

Rosen und Vergißmeinnicht
Elfenbeinbrosche, um 1900, RM

»Die neueste Blumensprache«
Buch von Guido Reinhold, Leipzig, 1836, RM

4 Freundschaftskarten
Lithografien, farbig koloriert, um 1830, RM 87.39 – 87.42

Reguläres Fünfeck, Fünf-A (Pentalpha), Rose im Pentagramm
aus: Matthias Schleiden, Die Rose – Geschichte und Symbolik, Leipzig, 1873

»Vita rosa est«
Kupferstich von Cats, 1700, RM

Rose
glasierter Ton, Grabschmuck von Pére Lachaise, Paris, 20. Jahrhundert, Stiftung Nina Ranalter, Paris

Madonna im Rosenhag
Kupferstich von Cornelis Schut, 18. Jahrhundert, RM 88.177

Religiöses Andachtsbild der Maria in aufklappbarer Rose
Prägedruck, um 1900, RM 88.299

Religiöses Andachtsbild für die Gnadenmutter von Absam
Klappkarte mit Prägedruck, um 1900, RM 88.234

Religiöses Andachtsbild der heiligen Dorothea
kolorierter Kupferstich auf Pergament von Cornelius de Boudt, um 1700, RM

Rosenkranz
Gebetsschnur mit als Rosen stilisierten Paternosterperlen, Holz, 20. Jahrhundert, RM

Heckenrose als blaustrümpfige Dichterin dargestellt
kolorierter Stahlstich von Isidore Grandville, Frankreich, 1867, Leihgabe Anni Jacob, Marl

An den Wänden: Gedichte

Auf dem Fußboden: Rosenkranz, gemalt von H. Ottenstein und W. Kaus

Leseecke

Musik

Raum 4: Die Rose im Alltag

Schallplatten mit Rosenschlagern nach 1960, RM

Noten des Walzers »Rosen aus dem Süden« von Johann Strauß
1. Hälfte des 20. Jahrhunderts, RM

Der kleine Rosengarten
Liednoten von Hermann Löns, 1920er Jahre, RM

Oblate mit dem Lied »Leise zieht durch mein Gemüth« von Felix Mendelssohn Bartholdy
um 1900, RM

Nähetui
Leder, Samt und Metall, Anfang 19. Jahrhundert, RM

Stickgarnreklame
farbig gedrucktes Plakat nach einem Entwurf von Julius Gipkens, 1912, RM 88.160

Lichtschirm
Seidenstickerei, Holz und Glas, um 1830, RM 87.28

2 Stickmustervorlagen
kolorierte Lithografien, 1879, RM 88.180 und 88.181

Rosenstickerei
Seide auf Papier, 19. Jahrhundert, RM 88.251

Rosenkranz
auf Seide gstickt, 1. Hälfte 19. Jahrhundert, RM

Kinderporzellan und Glanzbildchen für Poesiealben

Fleißkärtchen und Glückwunschkarten
1. Hälfte 20. Jahrhundert, RM

Poesiealben aus Steinfurth, Bad Nauheim, Lich
1. Hälfte 20. Jahrhundert, RM

Porzellanschuh
um 1900, RM

Wandschmuckreklame
farbig gedrucktes Plakat nach einem Entwurf von Ivo Puhonny, um 1902, RM 88.159

Vasenpaar
Majolikatechnik, Rörstrand, Schweden, Anfang 20. Jahrhundert, RM 90.367 a und b

Vasenpaar
Majolikatechnik, Anfang 19. Jahrhundert, RM 90.368

Künstliche Rosen
Seide, Draht und Stoff, 1988 in Zürich erworben, RM 88.170 – 88.172 a und b

Drei Knaben mit Rosengirlande und Schalen
Porzellanmanufaktur Plaue, Thüringen, Anfang 20. Jahrhundert, RM 90.369

Rosentapete
Tapetenmusterbuch der Firma Otto Rühl aus Dessau, 1922, RM 90.370

Schmuckteller
Manufaktur Sevres, Frankreich, 2. Hälfte 19. Jahrhundert, RM 87.47

3 Teller mit Rosenmotiven
Königlich Preußische Porzellanmanufaktur Berlin und Compagnie des Indes, 18. und 19. Jahrhundert, RM

Suppenterrine
Porzellanmanufaktur Waldenburg, Schlesien, um 1900, Leihgabe Erna Schütz, Lahnau-Dorlar

Porzellanteller
Manufaktur Fürstenberg, 1840, RM

Kaffeekanne und Milchkännchen »Zum Hochzeitsfeste«
Porzellanmanufaktur Waldenburg, Schlesien, um 1910

Kaffeekanne
unbekannter Herkunft, 19. Jahrhundert, RM

Freundschaftsbecher »Zur Erinnerung«
Ende 19. Jahrhundert, RM

Kaffeeservice
Porzellan, um 1920, mit Kaffeemarken erworben, Stiftung Christel Philippi, Steinfurth

Teeservice »Maria Weiß«
Rosenthal Porzellan Manufaktur Selb, 1. und 2. Hälfte 20. Jahrhundert, RM 89.284

Moccalöffel
Silber mit Rosenmotiv, 1950er Jahre, Leihgabe Liane Codona, Frankfurt

Fächer
Malerei auf Seide und gesägtes Elfenbein, um 1900, RM

Sonnenschirm
bedruckter Baumwollstoff, um 1900, RM

2 Perlenbeutel
Glasperlen und Seide, 19. Jahrhundert, RM und Stiftung Christa Spangenberg, Hamburg

Hosenträger
mit Wolle und Perlen besticktes Leder, aus Hessen, 20. Jahrhundert, RM

Strumpfbänder
Kreuzstichstickerei mit Perlen, aus Hessen, 20. Jahrhundert, RM

Seelenwärmer
gestrickt und bestickt, 20. Jahrhundert, RM

4 Tücher mit Rosenmotiven
Wolle, 20. Jahrhundert, RM und Leihgabe Arno Krausmann, Biedenkopf

2 Hüte mit Hutschachtel
Seidenrosen, Samt, Stroh und Stoff aus den USA, 1950er Jahre, Leihgabe Museum Gotisches Haus, Bad Homburg

Mädchenunterrock mit Rosenstickerei
Baumwolle, aus Siebenbürgen/Sachsen, 20. Jahrhundert, RM

Konfirmationskranz
Draht, Stoff, Chenille und Glas, aus Mardorf, 2. Hälfte 20. Jahrhundert, RM

Waschlavoir
Manufaktur Villeroy & Boch in Mettlach, um 1870, Leihgabe Brigitte Brehm, Wölfersheim

Waschlavoir (Schüssel nicht ausgestellt)
Steingut, 1930er Jahre, RM

Seifen und Rosenwasser
1980er Jahre im Handel erworben in Deutschland, Frankreich, England und Japan, RM

Waschgestell mit Wasserkanne und Schüssel
emailliert, 1. Hälfte 20. Jahrhundert, Leihgabe Historisches Museum, Frankfurt

Handtuch mit Rosenmotiv, 1930er Jahre, Leihgabe Erna Schütz, Lahnau-Dorlar

Küchenbord
Emaille, um 1900, Leihgabe Klaus Strunk, Frankfurt

Handtuchabdeckung

Maréchal Niel Zigarrenreklame
farbig gedrucktes Plakat, 1920er Jahre, RM 88.161

Zigarrenetui
Leder mit Perlenstickerei, Ende 19. Jahrhundert, RM

Schnupftabakdose
Horn, 20. Jahrhundert, Leihgabe Historisches Museum, Frankfurt

Pfeifenkopf eines Reservisten
bemaltes Porzellan, 1887/89, RM

Tabaksbeutel
Leder mit Stickerei, 19. Jahrhundert, RM 89.306

Werbelampe der Parfümfirma d'Orsay
Glas und Metall nach einem Entwurf von René Lalique, 1920er Jahre, RM 86.18

Parfumflakon
Glas und Chrom, 1920er Jahre, RM 89.278

Parfumflakon mit Sprühvorrichtung
Perlmutt und Messing, 1920er Jahre, RM 87.42

Parfumflakon »Rose Verité«
Frankreich, 1920er Jahre, RM 89.277

Parfumflakon mit Mistelmotiven
geätztes Glas und Silber nach einem Entwurf von Daum, Nancy, um 1900, RM 87.53

Rimmel's Parfümalmanach
farbig gedruckter Leporello mit Karikaturen der antiken Götterwelt, 1878, RM 87.34

Rimmel's Parfümalmanach
1884 und 1890, RM 86.7

Kalender in Fächerform
Englisch, 1901, RM 89.283

Krünitz's Encyklopädie, Stichwort Parfümirkunst
Berlin, 1808, RM

Potpourrivase zum Beduften der Räume mit Blüten oder Flüssigkeiten
Meißen, 1830 bis 1840, RM 89.308

Potpourrivase
unbemalt, Meißen, um 1850, RM 89.307

Parfumflakons
aus Uralin, Rubinglas, gestricktem Glas, 19. Jahrhundert, RM 87.51 – 52

L'agréable Parfumeuse
kolorierte Lithografie von H. Philipon, um 1830, RM

Rosenölbehälter
zum Versand von 2 Kilogramm Rosenöl, Metall mit Wolle bezogen und Siegelmarken, Firma P.K. Shipkoff, Kazanlik, Bulgarien, vor 1939, Leihgabe 4711 Eau de Cologne & Parfümerie Fabrik, Köln

Rosenölbehälter
der Firma Gülbirlik aus Isparta, Türkei, Metall, 1989, Stiftung Gülbirlik, Isparta

Rosenwasser aus Isparta, Türkei,
aus Kazanlik, Bulgarien,
aus Neu-Delhi, Indien,
alle 1980er Jahre, RM

Leonhart Fuchs, New Kreüterbuch, Basel 1543, in einem Reprint von Heinrich Marzell, Leipzig, 1938, RM

Schnabeltasse
englisches Porzellan, 20. Jahrhundert, RM

Salbenmörser Pistill und Vaseline Standgefäß
Porzellan, 1906, Leihgabe Hans Capellen, Bad Nauheim

Salbenbock mit Spatel und Pillenmesser und Salbenkarten
20. Jahrhundert, Leihgabe Hans Capellen, Bad Nauheim

Medikamente mit Rosen zubereitet
Stiftung Wala Heilmittel AG, Eckwälden

Pillenmörser mit Pistill
Metall, 19. Jahrhundert, Leihgabe Hans Capellen, Bad Nauheim

Nürnberger Gewichtssatz
18. Jahrhundert, Leihgabe Hans Capellen, Bad Nauheim

20 Gramm Handwaage
20. Jahrhundert, Leihgabe Hans Capellen, Bad Nauheim

Tortenheber mit Rosenmotiv
Silber, 20. Jahrhundert, Leihgabe Liane Codona, Frankfurt

Replikat einer Geburtstagstorte der Jahrhundertwende
Leihgabe Historisches Museum, Frankfurt

Seihlöffel
Messing und Eisen, 19./20. Jahrhundert, Leihgabe Historisches Museum, Frankfurt

Gewürzkasten und Puddingform
Kupfer, 18. Jahrhundert, Leihgabe Historisches Museum, Frankfurt

Reibe
Messing getrieben, 18./19. Jahrhundert, Leihgabe Historisches Museum, Frankfurt

Rosenwasser
diverse Flaschen aus Marokko, Indien, Persien und der Türkei, 1980er Jahre, RM

Eleanour Sinclair Rohde, Rose Recipes
englische Rosenrezepte, London, 1939, RM

Marie Luise Kreuter, Rezepte aus dem Blumengarten, Genf, 1976, RM

Dank an Stifter/innen,
Leihgeber/innen und Berater/
innen des Rosenmuseums
Steinfurth

Ulrike Adamek, Hessischer
Museumsverband, Kassel
Richard Agel, Bad Nauheim
Familie Karl Alban,
Bad Nauheim
Bernhard Alban,
Bad Nauheim
Dagmar Albrecht,
Bad Nauheim
Ria Albrecht, Bad Nauheim
Hertha Aumüller,
Bad Nauheim
Hedwig Becker, Bad Nauheim
Liberte Beimborn,
Bad Nauheim
Bella Rosa, Frankfurt
Margot Bepperling, Friedberg
Marie Best, Bad Nauheim
Erika Beuler, Bad Nauheim
Eckehard Beutnagel,
Bad Nauheim
Jana Bleckmann,
Bad Nauheim
Gerda Bonarius,
Bad Nauheim
Ruth Bracksmayer,
Bad Nauheim
Familie Jürgen Braun,
Bad Nauheim
Brigitte Brehm, Wölfersheim
Hanno Broo, Hessischer
Museumsverband, Darmstadt
Hans Capellen, Bad Nauheim
Liane Codona, Frankfurt
Hans Conert, Usingen
Mechthild Curtius, Frankfurt
Rainer Damm, Berlin
Renate Deck, Schwäbisch-
Hall
Daniela Deinhard, Bozen
Florian Dering, Stadtmuseum
München
Verein Deutscher Rosen-
freunde, Baden-Baden
Else Edelmann, Bad Nauheim
Donata Elschenbroich,
Frankfurt
Dorle und Horst zum
Eschenhoff, Hannover
Gretel Evers, Gettenbach
August Ewald, Rockenberg
Heinrich Falk XII.,
Bad Nauheim
Hermann Falk, Bad Nauheim
Gudrun Falk, Bad Nauheim
Roswitha Feil, Frankfurt
H.W. Fichter, Frankfurt
Firma 4711, Köln
Firma Drom Parfümöle,
München
Firma Gülbirlik,
Isparta, Türkei
Firma Primavera, Kempten
Firma Wala Heilmittel AG,
Eckwälden
Firma Weleda,
Schwäbisch Gmünd
Jenny, Anton und Sibylla
Flügge, Frankfurt
Franz Gabriel, Bad Nauheim
Familie Gaffrey,
Bad Nauheim
Familie Garmeister,
Ober Mörlen
Hedwig Geller, Bad Nauheim
Armin Geus, Marburg
Hans und Gertrud Gönewein,
Bad Nauheim
Familie Geyer, Schweinfurt
Hedi und Werner Grimm,
Kassel
Birgit Gröger, Bad Nauheim
Erni und Gustav Hammann,
Bad Nauheim
Friedhelm Häring, Ober-
hessisches Museum, Gießen
Kurt Hahn, Frankfurt
Ute Helbig, Darmstadt
Familie Henn, Bad Nauheim
Robert und Anita Hofmann,
Bad Nauheim
Hans Peter Hornstein,
Frankfurt
Caroline Hornstein,
Frankfurt
Dorothe Hub-Liese,
Ober-Mörlen
Hans Huber, Bad Nauheim
Herrmann Huber,
Bad Nauheim
Horst Huber, Bad Nauheim
Konrad Huber, Bad Nauheim
Hildegard Ihrig,
Bad Nauheim
Günter Illner, Frankfurt
Anni Jacob, Marl
Kajo Jores, Bad Nauheim
Lilli Jung, Bad Nauheim
Günther Jung, Bad Nauheim
Almut Junker, Historisches
Museum, Frankfurt
Doris Kern-Pohl, Frankfurt
Yoshihisa Kimura, Tokio,
Japan
Hans-Joachim Klein,
Friedberg
Kunstgewerbe Museum, Köln
Andrea Kögel, Baden-Baden
Arno Krausmann,
Biedenkopf
Martina Kresse,
Bad Nauheim
Kunsthalle Hamburg
Karin Krummlauf, Wien
Bernhard Lauer, Brüder
Grimm Museum, Kassel
Anna, Lea, Hans und Michel
Leiner, Frankfurt
Servais Lejeune, Hamburg
Christel Lentz, Idstein
Ewald Liebig, Bad Nauheim
Anneliese von Löw,
Bad Nauheim
Heinke und Eberhard von
Löw, Bad Nauheim
Wilfried Luh, Butzbach
Susanne Luzius,
Bad Nauheim
Eva März, München
Roswitha Mattausch,
Museum Gotisches Haus,
Bad Homburg
Museum für Kunsthandwerk,
Frankfurt
Ruth Nagel, Bad Nauheim
Nationale Forschungs- und
Gedenkstätten, Weimar
Hans Philippi, Bad Nauheim
Wilhelm Philippi VI.,
Bad Nauheim
Wilhelm Philippi VIII.,
Bad Nauheim
Christel Philippi,
Bad Nauheim
Elfriede Philippi,
Bad Nauheim
Mathilde Philippi,
Bad Nauheim
Frau Philipps, Friedberg
Bea Ploch, Neu-Isenburg
projektdesign, Frankfurt
Hermann Rau, Heilbronn
Raza Afghan Haus, Hamburg
Iris Reepen, Frankfurt
Sofia Renz-Rathfelder,
Frankfurt
Hubert Rienmüller,
Bad Nauheim
Rosen-Union, Bad Nauheim
Christa von Roth,
Bad Nauheim
Annemarie Rüdiger,
Bad Soden
Hermann Ruland,
Dossenheim
Stefana Sabin, Frankfurt
Ursula und Rolf Sack,
Bad Nauheim
Hachiro Sakanishi,
Matsumoto, Japan
Michaele Scherenberg,
Frankfurt
Ernest Scheuer, Northridge,
USA
Annemarie Schimmel, Bonn
Werner Schmidt, Heidelberg
Eckhard Schenk zu
Schweinsberg, Fronhausen
Viktoria Schmidt-Linsenhoff,
Historisches Museum,
Frankfurt
Irmgard Schneider,
Bad Nauheim
Margret Schrader, Marburg
Erna Schütz, Lahnau-Dorlar
Käthe Schultheis,
Bad Nauheim
Heinrich Schultheis,
Bad Nauheim
Otto Schweitzer, Frankfurt
Josef Sieber, Freising
Staatsbibliothek Berlin,
Orient Abteilung
Seniorenclub Steinfurth,
Bad Nauheim
Ursula Stiehler, Museum
Gotisches Haus,
Bad Homburg
Volker Sommer, Göttingen
Susanne Sommerfels,
München
Sibylle Spiegel, Wiesbaden
Städtischer Bauhof,
Bad Nauheim
Angela Städtler, Wien
Ria und Helmut Steinhauer,
Bad Nauheim
Marion Steinhauer,
Bad Nauheim
Frieda Elisabeth Steinhauer,
Bad Nauheim
Harro Stammerjohann,
Frankfurt
Beate Steinitz-Seipel,
Frankfurt
Marie Stephan, Bad Nauheim
Stephan Stockmar, Frankfurt
Walter Stolle, Darmstadt
August Störkel, Frankfurt
Klaus Strunk, Frankfurt
Victoire Teisserenc, Paris
Philipp Teufel, Frankfurt
Annemarie Thönges,
Bad Nauheim
Tilly Thönges, Bad Nauheim
Konrad Thönges,
Bad Nauheim
Heinrich Thönges,
Bad Nauheim
Helga, Iris, Sandra und Gero
Törmer, Bad Nauheim
Tresor am Römer, Frankfurt
Anette Vinnen, Frankfurt
Barbara Vogelsang, Boston,
USA
Reinhold Volp, Bad Nauheim
Dietrich Wabner, München
Manfred Walter,
Bad Nauheim
Otto Walter, Bad Nauheim
Claudia Weber, Völkingen
Inge von Wedemeyer,
Darmstadt
Heidi Weigelt, Hannover
Jürgen Weihrauch,
Bad Nauheim
Stefan Wendt, Bad Nauheim
Gerlinde Wermich,
Bad Nauheim
John Wilcockson, Marburg
Liesel Winheim, Friedberg
Erhard Winkler,
Bad Nauheim
K. D. Wolff, Frankfurt
Heinke Wunderlich,
Wuppertal

Für die Mitarbeit bei der Vertonung des Filmes »Wunder der Rose« von August Ewald danken wir: Hedwig Becker, Konrad Huber, Lilli Jung und Wilhelm Philippi

Den Familien Herrmann Huber und Mitarbeitern, Jürgen Braun und Mitarbeitern sowie der Rosen-Union danken wir für die Unterstützung bei den Dreharbeiten des Videofilms »Rosen – Ein Arbeitsjahr in Steinfurth«. Otto Schweitzer begleitete 1989 und 1990 die beiden Familien mit der Kamera auf dem Rosenacker.

Die Kletterrosen am Rosenmuseum wurden 1988 freundlicherweise von der Rosen-Union und der Firma Rosen- und Baumschulen Walter Schultheis, beide Bad Nauheim-Steinfurth, gestiftet. Es sind von Ost nach West: Felicité und Perpetue, White Cockade, Gerbe Rose, Bobby James, Maria Liesa und American Pillar. Unterpflanzt mit Heideröslein Nozomi.